化学工业出版社"十四五"普通高等教育

BIM技术应用
——Revit三维建模

殷许鹏 王 倩 介朝洋 主 编
董明明 朱渴望 刘 潇 副主编

化学工业出版社

·北京·

内容简介

本书围绕 BIM 技术核心应用，以 Revit 软件为工具载体，构建从基础建模到多专业协同的完整教学体系。本书通过"基础操作→建筑/结构建模→机电系统整合→成果输出"四阶段递进式结构，系统讲解 BIM 模型创建、参数化设计、多专业协作及成果交付全流程，配备典型工程案例和实操训练，帮助读者掌握建筑信息模型构建的核心技能。

本书可作为高等院校土建类相关专业 BIM 课程的教材，也可作为相关专业高等职业院校及相关建筑从业人员、BIM 爱好者的参考用书。

图书在版编目（CIP）数据

BIM 技术应用：Revit 三维建模 / 殷许鹏，王倩，介朝洋主编 . -- 北京：化学工业出版社，2025. 8.
（化学工业出版社"十四五"普通高等教育规划教材）.
ISBN 978-7-122-48422-2

Ⅰ．TU201.4

中国国家版本馆 CIP 数据核字第 2025VS8134 号

责任编辑：彭明兰 文字编辑：冯国庆
责任校对：田睿涵 装帧设计：刘丽华

出版发行：化学工业出版社
　　　　　（北京市东城区青年湖南街 13 号　邮政编码 100011）
印　　装：三河市君旺印务有限公司
787mm×1092mm　1/16　印张 12¾　字数 314 千字
2025 年 8 月北京第 1 版第 1 次印刷

购书咨询：010-64518888 售后服务：010-64518899
网　　址：http://www.cip.com.cn

定　　价：58.00 元

本书编写人员名单

主　编：殷许鹏　河南城建学院/河南省数字建造工程技术研究中心
　　　　王　倩　河南城建学院
　　　　介朝洋　河南城建学院

副主编：董明明　河南城建学院
　　　　朱渴望　河南城建学院
　　　　刘　潇　河南城建学院

参　编：康锦润　淮阴工学院
　　　　周光禹　辽宁理工职业大学
　　　　程建华　河南理工大学
　　　　张　文　郑州科技学院
　　　　赵小云　河南旭伸公路工程有限公司
　　　　路晓明　郑州科技学院
　　　　沈柳奎　河南城建学院
　　　　侯正伟　平煤神马建工集团有限公司
　　　　刘燕丽　河南城建学院

前言

随着建筑信息化技术的快速发展，BIM（建筑信息模型）技术已成为现代建筑业转型升级的核心驱动力。本书以 Revit 软件为核心工具，系统构建 BIM 技术知识体系，旨在培养适应"数字建造"时代需求的新型技术人才。通过理论讲解与实操训练相结合，本书不仅传递软件操作技能，更着重培养基于 BIM 的全生命周期协同思维，助力学生掌握未来行业发展的关键技术语言。

全书内容遵循"基础-专业-整合"的递进式培养逻辑。第 1~3 章夯实建筑、结构模型的创建基础，通过标高轴网、墙柱楼板、洞口楼梯等核心构件的精细化建模，构建三维设计能力；第 4~7 章聚焦机电系统整合，涵盖给排水、暖通、电气、场地等多专业协同工作流程，强化跨专业协作意识；第 8 章以成果输出为导向，通过图纸生成、漫游渲染等实战训练，实现 BIM 模型的全流程价值转化。各章节均配备典型项目案例，形成"学中做、做中学"的沉浸式学习闭环。

本书突出的三大特色：以岗位需求为导向重构课程体系，深度对接 BIM 建模员、机电设计师等职业标准；以真实工程为载体设计教学案例，涵盖住宅、公共建筑等多种建筑类型；以协同创新为理念培养团队能力，通过工作集协作训练强化工程管理能力。

通过本书学习，读者不仅能熟练掌握 Revit 软件操作，更能建立对建筑信息模型的立体化认知，为成长为具备 BIM 技术应用能力的复合型人才奠定坚实基础。

与同类书相比，本书具有如下特点。

① 内容丰富全面：涵盖了 Revit 的基础理论、实践操作、项目管理等多个方面。

② 实践实操性强：全书以一个完整的工程案例贯穿始终，详细阐述了 Revit 软件在实际项目中的应用。

③ 三维可视化强：书中通过三维建模，让读者更直观地理解建筑结构和设计细节。

④ 精准补充：除了基本的建模操作外，本书还介绍了族和概念体量的创建与应用。

⑤ 注重细节：在介绍各项功能时，本书不仅给出了基本的操作步骤，还着重介绍一些实用的细节和技巧，这些细节和技巧有助于提高建模的准确性和效率。

⑥ 系统性与完整性：从 BIM 的基本概念和原理出发，逐步深入 BIM 的应用层面。

⑦ 跨专业融合：BIM 技术涉及多个领域的知识，包括建筑、结构、机电等。

本书的配套资源有 PPT、视频讲解、音频、配套 CAD 图纸、配套样板文件和项目模型文件、实训工作单、课后习题讲解等，读者可扫描各章首页和书后附录中的二维码观看和下载。

在本书编写过程中，得到了许多同行的支持与帮助，在此一并表示感谢。同时感谢河南省数字建造工程技术研究中心学生闫进涛、江星辰、吴栩、梁烜、陈明浩、张晓乐、邹德红对本书配套资源（如视频后期剪辑及插图整理）等工作的辛苦付出。

由于编者水平有限，书中难免有不妥之处，望广大读者批评指正。

目录

第1章

Revit 基本操作

本章知识导图

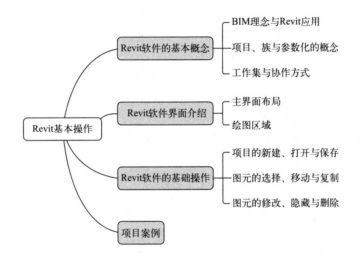

```
                                    ┌─ BIM理念与Revit应用
                    ┌─ Revit软件的基本概念 ─┼─ 项目、族与参数化的概念
                    │                      └─ 工作集与协作方式
                    │
                    │                      ┌─ 主界面布局
  Revit基本操作 ─────┼─ Revit软件界面介绍 ──┤
                    │                      └─ 绘图区域
                    │
                    │                      ┌─ 项目的新建、打开与保存
                    ├─ Revit软件的基础操作 ─┼─ 图元的选择、移动与复制
                    │                      └─ 图元的修改、隐藏与删除
                    │
                    └─ 项目案例
```

学习目标

了解	1. BIM 理念与 Revit 的应用
	2. 项目、族与参数化的概念
	3. 工作集与协作方式的概念
熟悉	1. Revit 软件的界面
	2. 项目案例图纸
应用	1. 项目的新建、打开与保存
	2. 图元的选择、移动与复制
	3. 图元的修改、隐藏与删除

扫码观看视频/听语音讲解

第1章 Revit基本操作

在新时代的科技浪潮中，从 2D 图纸到 3D 建模的跨越，是科技创新的生动体现。学习 Revit 基本操作，不仅是掌握一项技能，更是敢于打破传统、培养创新思维的过程。正如习近平总书记所强调的，创新是引领发展的第一动力，让我们在 Revit 的世界里，开启智慧建造的新篇章。本章介绍 Revit 界面布局和基本操作命令，并强调每一步操作的准确性和严谨

性，培养读者在细节中见真章的工作态度。通过实例操作，引导读者理解"失之毫厘，谬以千里"的道理，将精益求精的精神融入每一次点击和拖拽中。

1.1 Revit 软件的基本概念

1.1.1 BIM 理念与 Revit 应用

1.1.1.1 BIM 理念

（1）BIM 的概念

建筑信息模型（building information modeling，BIM）的定义或解释有多种版本，McGraw Hill（麦克格劳·希尔）在 2009 年名为 *The-Business Value of BIM*（BIM 的商业价值）的市场调研报告中对 BIM 的定义比较简练，认为"BIM 是利用数字模型对项目进行设计、施工和运营的过程"。相比较，美国国家 BIM 标准对 BIM 的定义比较完整："BIM 是一个设施（建设项目）物理和功能特性的数字表达；BIM 是一个共享的知识资源，是一个分享有关这个设施的信息，为该设施从概念到拆除的全生命周期中的所有决策提供可靠依据的过程；在项目不同阶段，不同利益相关方通过在 BIM 中插入、提取、更新和修改信息，以支持和反映其各自职责的协同作业。"

美国国家 BIM 标准由此提出 BIM 和 BIM 交互的需求都应该基于：

① 一个共享的数字表达；

② 包含的信息具有协调性、一致性和可计算性，是可以由计算机自动处理的结构化信息；

③ 基于开放标准的信息互用；

④ 能以合同语言定义信息互用的需求。

在实际应用的层面，从不同的角度，对 BIM 会有不同的解读。

① 应用到一个项目中，BIM 代表着信息的管理，信息由项目所有参与方提供和共享，确保正确的人在正确的时间得到正确的信息。

② 对于项目参与方，BIM 代表着一种项目交付的协同过程，定义各个团队如何工作，多少团队需要一起工作，如何共同去设计、建造和运营项目。

③ 对于设计方，BIM 代表着集成化设计，鼓励创新，优化技术方案，提供更多的反馈，提高团队水平。

美国 Building SMART 联盟主席 Dana K Smith 先生在其 BIM 专著中提出了一种对 BIM 的通俗解释，他将"数据（data）-信息（information）-知识（knowledge）-智慧（wisdom）"放在一个链条上，认为 BIM 本质上就是这样一个机制：把数据转化成信息，从而获得知识，让我们智慧地行动。理解这个链条是理解 BIM 价值以及有效使用建筑信息的基础。

（2）BIM 的特点

BIM 具有可视化、协调性、模拟性、优化性和可出图性五大特点。

① 可视化。可视化即"所见即所得"的形式，对于建筑行业来说，可视化在建筑业的作用非常大，例如经常拿到的施工图纸，在图纸上只是采用线条绘制表达各个构件的信息，

但是实际的构造形式则需要建筑业从业者自行想象。对于一般简单的结构来说，利用想象的方法就可以实现，但是近几年，伴随着形式各异、复杂造型建筑的不断推出，这种复杂结构仅依赖人脑去想象则难以与现实相符。而 BIM 提供了可视化的思路，将以往线条式的构件转变成三维的立体实物图形展示在人们面前。建筑业中也有设计方提供效果图的情况，但是这种效果图是分包给专业的效果图制作团队，对设计图进行识读，进而以线条信息制作出来的，并不是通过构件的信息自动生成的，缺少了与构件之间的互动性和反馈性。然而 BIM 的可视化是一种能够与构件之间形成互动性和反馈性的可视，在建筑信息模型中，由于整个过程都是可视化的，所以可视化的结果不仅可以用来作效果图的展示及报表的生成，更重要的是，项目设计、建造、运营过程中的沟通、讨论、决策都在可视化的状态下进行。

② 协调性。协调性是建筑业的重点内容，不管是施工单位还是业主及设计单位，无不在做着协调及配合的工作。一旦项目在实施过程中遇到了问题，就要将各有关人士组织起来开协调会，找出施工问题发生的原因及解决办法，然后做出变更或采取相应补救措施等，从而使问题得到解决。那么真的就只能在问题出现后再进行协调吗？在设计时，由于各专业设计师之间的沟通不充分，往往会出现各种专业之间的碰撞问题。例如暖通等专业中的管道在进行布置时，由于施工图是各自绘制在各自的施工图纸上的，实际施工过程中，可能在布置管线时此处正好有结构设计的梁等构件妨碍着管线的布置，这都是施工中常遇到的。像这种碰撞问题的协调解决就只能在问题出现之后再进行吗？BIM 的协调性服务就可以帮助处理这种问题，也就是说 BIM 可在建筑物建造前期对各专业的碰撞问题进行协调，生成协调数据，并提供出来。当然，BIM 的协调作用也并不是只能解决各专业间的碰撞问题，它还可以解决如电梯井布置与其他设计布置及净空要求的协调、防火分区与其他设计布置的协调、地下排水布置与其他设计布置的协调等。

③ 模拟性。模拟性并不是只能模拟设计出的建筑物模型，还可以模拟不能在真实世界中进行操作的事物。在设计阶段，BIM 可以对设计上需要进行模拟的一些东西进行模拟实验，例如节能模拟、紧急疏散模拟、日照模拟、热能传导模拟等；在招投标和施工阶段，可以进行 4D 模拟（三维模型加项目的发展时间），也就是根据施工的组织设计模拟实际施工，从而确定合理的施工方案来指导施工，同时可以进行 5D 模拟（基于 3D 模型的造价控制），从而实现成本控制；后期运营阶段，可以模拟日常紧急情况的处理方式，例如地震发生时人员逃生模拟及火警时人员疏散模拟等。

④ 优化性。事实上整个设计、施工、运营的过程就是一个不断优化的过程，当然优化和 BIM 也不存在实质性的必然联系，但在 BIM 的基础上可以做更好的优化。优化受三方面的制约：信息、复杂程度和时间。若没有准确的信息则做不出合理的优化结果，BIM 模型提供了建筑物实际存在的信息，包括几何信息、物理信息、规则信息，还提供了建筑物变化以后的实际状况。复杂程度提高到一定阶段，参与人员本身的能力无法掌握所有的信息，必须借助一定的科学技术和设备。现代建筑物的复杂程度大多超过参与人员本身的能力极限，BIM 及与其配套的各种优化工具提供了对复杂项目进行优化的可能。基于 BIM 的优化可以做以下工作。

a. 项目方案优化。把项目设计和投资回报分析结合起来，设计变化对投资回报的影响可以实时计算出来，这样业主对设计方案的选择就不会主要停留在对建筑外形的评价上，而更多的是可以使得业主知道哪种项目设计方案更有利于满足自身的需求。

b. 特殊项目的设计优化。例如从裙楼、幕墙、屋顶、大空间等处可以看到异形设计，这些占整个建筑的比例不大，但是占投资和工作量的比例与前者相比往往要大得多，而且通常也是施工难度比较大和施工问题比较多的地方，对这些部分的设计施工方案进行优化，可以带来显著的工期缩短和造价降低。

⑤ 可出图性。BIM 并不是为了出大家日常所见的类似设计院所出的设计图纸以及一些构件加工的图纸，而是通过对工程对象进行可视化展示、协调、模拟、优化以后，可以帮助业主提供以下图纸：

a. 综合管线图（经过碰撞检查和设计修改，消除相应错误以后）；

b. 综合结构留洞图（预埋套管图）；

c. 碰撞检查侦错报告和建议改进方案。

当然，功能较为完善的 BIM 软件也可以输出传统的设计图纸，以满足当前工程建设的需要。

1.1.1.2　Revit 的应用

（1）Autodesk Revit 简介

Autodesk Revit 系列软件是由全球领先的数字化设计软件供应商 Autodesk 公司，针对建筑设计行业开发的三维参数化设计软件平台。目前以 Revit 技术平台为基础推出的专业版模块包括：Revit Architecture（Revit 建筑模块）、Revit Structure（Revit 结构模块）和 Revit MEP（Revit 设备模块——设备、电气、给排水）三个专业设计工具模块，以满足设计中各专业的应用需求。在 Revit 模型中，所有的图纸、二维视图和三维视图以及明细表都是同一个基本建筑模型数据库的信息表现形式。在图纸视图和明细表视图中操作时，Revit 将收集有关建筑项目的信息，并在项目的其他所有表现形式中协调该信息。Revit 参数化修改引擎可自动协调在任何位置（模型视图、图纸、明细表、剖面和平面中）进行的修改。

（2）Revit 对 BIM 的意义

BIM 是一种基于智能三维模型的流程，能够为建筑和基础设施项目提供洞见，从而更快速、更经济地创建和管理项目，并减少项目对环境的影响。面向建筑生命周期的欧特克 BIM 解决方案以 Autodesk Revit 软件产品创建的智能模型为基础，还有一套强大的补充解决方案用以扩大 BIM 的效用，其中包括项目虚拟可视化和模拟软件，AutoCAD 文档和专业制图软件，以及数据管理和协作的软件。

继 2002 年 2 月收购 Revit 技术公司之后，欧特克随即提出 BIM 这个术语，旨在区别 Revit 模型和较为传统的 3D 几何图形。当时，欧特克公司是将"建筑信息模型（building information modeling）"用作欧特克公司战略愿景的检验标准，旨在让客户及合作伙伴积极参与交流对话，以探讨如何利用技术来支持乃至加速建筑行业采取更具效率和效能的流程，同时也是为了将这种技术与市场上较为常见的 3D 绘图工具相区别。

由此可见，Revit 是 BIM 概念的一个基础技术支撑和理论支撑。Revit 为 BIM 这种理念的实践和部署提供了工具及方法，成为 BIM 在全球工程建设行业内迅速传播并得以推广的重要因素之一。

（3）Autodesk Revit 在欧美地区及中国的应用概述

Autodesk Revit 作为一款专业的建筑信息模型（BIM）软件，在欧美地区及中国均得到了广泛的应用和发展。

① 欧美地区应用概述。在欧美地区，Autodesk Revit 被广泛应用于建筑设计、施工和运营管理等多个领域。其强大的功能和广泛的应用场景，使其成为建筑专业人士的首选工具。

a. 建筑设计：Revit 提供了一套完整的建筑设计工具，包括建筑模型创建、参数化建模、建筑元素编辑等功能。它可以帮助建筑师快速创建建筑模型，并根据设计需求进行灵活的编辑和调整。

b. 结构设计：Revit 具有强大的结构设计功能，能够根据建筑模型中的几何形状和材料属性，自动生成结构模型，并进行结构分析和优化。

c. 施工管理：Revit 能够生成施工计划和施工序列图，通过模拟和可视化的方式展示施工过程，帮助施工人员了解施工进度和质量。

d. 运营管理：在建筑竣工后，Revit 还可用于建筑设备和管道系统的管理，帮助维护人员了解建筑设备的位置、参数和运行情况，及时进行维护和保养。

此外，Revit 在欧美地区还得到了政府和行业组织的广泛支持，推动了其在建筑行业的普及和应用。

② 中国应用概述。在中国，Autodesk Revit 同样得到了广泛的应用和发展，随着 BIM 技术的普及和推广，其应用前景越来越广阔。

a. 应用领域：Revit 在中国主要应用于建筑设计、结构设计和机电设备设计等领域。通过 Revit 软件，设计人员可以进行三维建模、虚拟现实演示、碰撞检测等功能，从而提高设计效率和准确性。

b. 协同工作：Revit 支持多用户协同工作，实现信息共享和沟通，从而提高了整个项目的质量。这使得设计团队能够更高效地协作，减少设计误差和重复劳动。

c. 市场需求：随着我国建筑行业的不断发展和技术的进步，越来越多的建筑师、设计师和工程师开始采用 Revit 作为他们的设计工具，这推动了 Revit 在国内市场上的普及和应用。

综上所述，Autodesk Revit 在欧美地区及中国均得到了广泛的应用和发展。在欧美地区，其普及程度较高且应用场景广泛；而在中国，虽然面临一些挑战和限制，但其应用前景仍然非常广阔并呈现出不断增长的趋势。

（4）Autodesk Revit 技术发展趋势

2011 年 5 月 16 日，住建部颁布了建筑业"十二五"发展纲要，明确提出要快速发展 BIM 技术，BIM 已成为行业发展的方向和目标，同时展现出我国设计行业在技术方面的一些未来发展趋势，比如 BIM 标准化、云计算、三维协同、BIM 和预加工技术、基于 BIM 的多维技术以及移动技术等。这些行业趋势也在极大影响着 Revit 的技术发展方向。下面列举其中的一些技术方向。

① Revit 专业模块三合一。在 Autodesk 收购 Revit 之初以及发布 Autodesk Revit 前几年的时间里，Revit 基本上都是以 Revit Architecture 这个建筑模块独立运作的，缺乏结构和 MEP 部分。随着 Autodesk 的投入和进一步发展，Revit 终于按照建筑行业用户的专业发布被发展为三个独立的产品：Revit Architecture（Revit 建筑版）、Revit Structure（Revit 结构版）和 Revit MEP（Revit 设备版——设备、电气、给排水）。这三款产品属于同一个内核，概念和基本操作完全一样，但软件功能侧重点不同，从而适用于不同的专业。但随着 BIM 在行业推广的深入和 Revit 的普及，基于 Revit 的专业协同和数据共享的需求越来越旺盛，Revit 三款产品在三个专业的独立应用对此造成了一些影响。因此在 2012 年 Autodesk 又将这三款独立的产品整合为一个产品，名为 Autodesk Revit2013，但实际上又包含建筑、结构和 MEP 三个专业模块，用户在使用 Revit 的时候可以自由安装、切换和使用不同的模

块，从而减少对设计协同和数据交换的影响，帮助用户获得更广泛的工具集，在 Revit 平台内简化工作流程并与其他建筑设计规程展开更有效的协作。

② Revit 与云计算的集成。Autodesk 在 2011 年底正式推出云服务。截至目前，Autodesk 提供的云产品和服务已经超过 25 种。其中，欧特克公司的云应用可以分为两类：第一类云应用是桌面的延伸，欧特克公司把 Web 服务和桌面应用整合在一起，在桌面上进行的设计完成之后，用户可以从云端获得基于云计算的分析和渲染等服务，整个计算过程不在本地完成，而是完全送到云端进行处理，并把计算结果返回给用户；第二类云应用是单独应用，例如美家达人、Sketchbook，用户可以通过台式计算机或者移动设备进行操作。Revit 与云计算的集成属于第一类云应用，比如 Revit 与结构分析计算 Structural Analysis 模块的集成、与云渲染的集成等，同时与 Autodesk Revit 具备相同 BIM 引擎的 Autodesk Vasari 可以理解为一种简化版的 Revit，是一款简单易用的、专注于概念设计的应用程序，也集成了更多的基于云计算的分析工具，包括对碳和能源的综合分析、日照分析、模拟太阳辐射、轨迹、风力风向等分析，如图 1.1.1-1 所示。

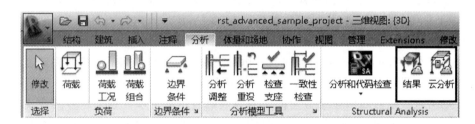

图 1.1.1-1　Revit 与云计算的集成应用

（5）Autodesk Revit 特性

Revit 具有三维可视化、仿真性的特性；一处修改、处处更新的特性；参数化特性。

三维可视化、仿真性的特性体现在 Revit 软件的"可见即可得"，Revit 能完全真实地建立出与真实构件相一致的三维模型。

一处修改、处处更新的特性体现在 Revit 各个视图间的逻辑关联性，传统的 CAD 图纸中各幅图纸之间是分离的，没有程序上的逻辑联系，当我们需要进行修改时，要人工手动地修改每一幅图，耗费大量时间和精力，容易出错；而 Revit 的工作原理是基于整个三维模型的，每一个视图都是从三维模型进行相应的剖切得到的，在创建和修改图元时，是直接进行三维模型级的修改，而不是修改二维图纸，因此基于三维模型的其他二维视图也自动进行了相应的更新。

参数化特性赋予了 Revit 模型极高的灵活性和可控性。设计师可以像"搭积木＋写规则"一样构建模型，通过修改关键参数高效地探索设计方案、响应变更要求；同时，它确保了模型中几何、属性、规则的高度一致性和关联性，显著减少了重复修改和手动协调的错误风险，是实现 BIM 信息深度应用（如分析、算量、协同）的技术基石。

1.1.2　项目、族与参数化的概念

1.1.2.1　项目与项目样板

Revit 中的项目是一个集成了建筑所有设计信息的建筑信息模型数据库，其文件后缀名

为".rvt"。它就像是一个庞大且有序的信息仓库，涵盖了从建筑几何图形到构造数据的方方面面。具体而言，项目文件中包含建筑的三维模型，这个三维模型直观地展示了建筑的空间形态和各构件之间的关系，让设计师、业主等相关人员可以从多个角度观察建筑的整体效果；还包含平立剖面及节点视图，这些视图从不同的维度和细节层次对建筑进行剖析，为精确设计和施工提供依据；各种明细表详细记录了建筑中各类构件的数量、规格、材质等信息，方便进行材料统计和成本估算。

而项目样板是新建项目时的初始条件，文件后缀名为".rte"，其功能类似 AutoCAD 的".dwt"文件。项目样板如同一个预先设定好规则和参数的模板，定义了新建项目中的默认初始参数。保证了数据的一致性和准确性；默认的楼层数量和层高信息为建筑竖向设计提供了初始框架，减少了重复设置的工作量；Revit 赋予用户自定义样板文件内容的权限，用户可以根据自身的项目需求、行业规范以及个人习惯，对样板文件中的参数进行调整和设置，然后保存为新的".rte"文件，以便在后续新建项目时直接使用，提高工作效率并保持项目风格的一致性。

1.1.2.2 族

族是 Revit 中用于创建建筑模型构件的基本单元，它是一系列具有相同或相似属性和行为的建筑元素的集合。可以把族看作是一种可重复使用的模板或模型库，通过对族的实例化和参数化设置，可以快速创建出大量不同类型和规格的建筑构件，如门、窗、墙、柱、梁、家具等。

在 Revit 中族一般分为三种。

① 系统族：是 Revit 自带的、预定义的族，存在于 Revit 项目文件中，不能被删除或修改其基本结构，但可以对其进行实例化和参数调整。系统族通常用于创建建筑的基本结构和通用构件，如墙、楼板、屋顶、楼梯等。这些族的属性和行为是由 Revit 软件预先设定的，用户只能在一定范围内进行调整和使用。

② 标准族：也称为可载入族，是由用户根据自己的需求创建或从外部获取并载入 Revit 项目中的族。标准族具有较高的灵活性和可定制性，用户可以在族编辑器中对其进行详细的设计和编辑，包括创建新的几何形状、添加参数、设置材质等。常见的标准族有门、窗、家具、设备等。

③ 内建族：是在当前项目文件内部创建的族，只能在该项目中使用，不能保存为独立的文件并在其他项目中共享。内建族通常用于创建一些特定于当前项目的、不具有通用性的建筑构件，如具有特殊造型的装饰构件、临时施工设施等。内建族的创建和编辑相对简单快捷，但不便于在其他项目中重复使用。

1.1.2.3 参数化

参数化是指通过定义和使用参数来控制建筑模型中元素的几何形状、尺寸、位置、材质等属性，使得模型具有高度的灵活性和可变性。这些参数可以是数值、文本、选项等多种类型，用户可以根据具体的设计需求随时调整参数的值，从而快速、准确地改变模型的相应部分，而无须重新绘制或修改整个模型。

参数一般包括两种。

① 实例参数：是与具体的族实例相关联的参数，每个实例都可以有自己独立的参数值。例如，在一个门族中，门的开启方向、位置偏移量等就是实例参数，不同的门实例可以根据

实际情况设置不同的开启方向和位置偏移量，而不会影响其他门实例的参数设置。

② 类型参数：是与整个族类型相关联的参数，对一个族类型的所有实例都起作用。比如门族中的门的高度、宽度、材质等通常是类型参数，当修改了某一门族类型的高度参数后，该类型的所有门实例的高度都会相应改变，从而实现对同一类型的多个构件进行统一的属性调整。

1.1.3 工作集与协作方式

1.1.3.1 工作集

工作集是将一个大型 Revit 项目按照不同的专业、功能或阶段等划分为若干个相对独立的部分，以便团队成员能够更高效地进行分工协作和并行设计。它可以有效避免不同成员之间的工作冲突，同时便于对项目的不同部分进行管理和控制。通常由项目管理员或具有相应权限的人员在 Revit 项目中进行工作集的创建。创建时需要为每个工作集指定一个唯一的名称，如"建筑结构工作集""机电系统工作集""室内装修工作集"等，以便清晰地标识每个工作集所包含的内容。管理员也可更改工作集的权限设置和可见性控制，提高工作效率。

1.1.3.2 协作方式

Revit 具有四种协作方式，分别为中心文件与本地文件协作、实时协作、云协作和链接与导入协作。

（1）中心文件与本地文件协作

这是 Revit 最常用的协作方式之一。首先在网络服务器上创建并保存一个中心文件，该文件包含项目的所有内容和设置。团队成员在开始工作前，从中心文件下载一个本地文件副本到自己的本地计算机上进行编辑。编辑完成后，再将本地文件中的修改内容同步回中心文件，实现数据的共享和更新。

（2）实时协作

Revit 支持团队成员在同一时间对不同的工作集进行编辑，并能够实时看到其他成员的修改和更新。当一个成员对工作集进行修改并保存到中心文件后，其他成员的 Revit 软件会自动检测到中心文件的变化，并及时更新本地文件中的相应内容，使团队成员能够及时了解项目的整体进展情况和其他成员的工作情况，便于及时沟通和协调。

（3）云协作

通过将中心文件存储在云端服务器上，团队成员可以更方便地从任何地方访问和下载中心文件，不受地域和网络环境的限制，提高了团队协作的灵活性和便捷性。例如，团队成员可以在外出办公、出差或在家中通过互联网连接到云端服务器，获取最新的项目文件并进行工作。

（4）链接与导入协作。

团队成员也可在 Revit 项目中通过链接其他 Revit 文件、CAD 文件等外部文件来实现协作。同时，除了链接方式外，还可以将其他文件导入 Revit 项目中或从 Revit 项目中导出文件供其他软件使用。

1.2 Revit 软件界面介绍

1.2.1 主界面布局

打开软件之后看到的是"最近使用的文件"界面，如图 1.2.1-1 所示，可以打开新建项目和族。

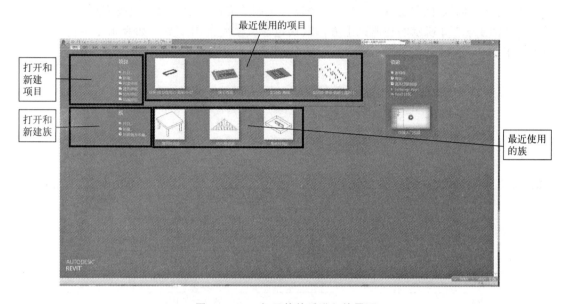

图 1.2.1-1　打开软件后进入的界面

1.2.1.1 文件菜单

Revit 软件的文件菜单是用户进行项目管理和文件操作的核心入口，提供了一系列基本和高级的文件处理功能。这个菜单不仅包含了常见的文件操作命令，还集成了 Revit 特有的项目管理和协作功能。可通过图 1.2.1-2 所示的文件菜单进入菜单选项。

图 1.2.1-2　文件菜单

文件菜单主要包含以下子菜单及其功能。

① 新建：创建新的 Revit 项目或族文件。

② 打开：打开现有的 Revit 项目或族文件。

③ 保存：保存当前正在编辑的文件。

④ 另存为：将当前文件保存到指定位置，可选择不同的文件格式。

⑤ 关闭：关闭当前打开的文件。

⑥ 打印：打印当前视图或整个项目。

⑦ 导出：将 Revit 模型转换为其他文件格式，如 DWG、IFC 等。

⑧ 发布：将 Revit 项目发布为 PDF、DWF 等格式，用于共享和协作。

⑨ 项目信息：查看和修改项目的基本信息，如项目名称、作者等。

⑩ 选项：配置 Revit 软件的各种设置，如文件保存选项、界面显示设置等。

⑪ 最近使用的文件：快速访问最近打开过的文件，提高工作效率。

1.2.1.2 快速访问工具栏

Revit 软件的快速访问工具栏是一个高度可定制的界面元素，旨在提高用户的工作效率。它位于如图 1.2.1-3 所示的功能区上方，默认包含一系列常用工具，如表 1.2.1-1 所示。用户可以根据个人需求进行调整。

图 1.2.1-3　快速访问工具栏

表 1.2.1-1　快速访问工具栏的默认工具集

工具名称	功能描述
打开	用于打开项目、族、注释、建筑构件或 IFC 文件
保存	保存当前的项目、族、注释或样板文件
同步并修改设置	将本地文件与中心服务器上的文件进行同步
撤销	取消上次操作，显示操作历史列表
恢复	恢复上次取消的操作
文字	在当前视图中添加注释
三维视图	打开或创建三维视图
剖面	创建剖面视图
细线	按照单一宽度显示所有线条
切换窗口	在打开的视图之间快速切换

用户可以用鼠标右键单击功能区中的工具按钮，选择"添加到快速访问工具栏"来添加新的工具按钮；相反，要从快速访问工具栏中删除工具，可以用鼠标右键单击工具栏中的按钮，选择"从快速访问工具栏中删除"。

1.2.1.3 功能区

Revit 软件的功能区是用户界面的核心组成部分，集中了大部分操作命令。如图 1.2.1-4 所示，功能区采用选项卡式布局，每个选项卡对应特定的功能类别，为用户提供了

图 1.2.1-4　功能区

直观的操作入口。

功能区主要包括以下选项卡。

① 建筑：用于创建建筑模型，包含墙体、楼板、门窗等元素。

② 结构：专注于结构设计，提供梁、柱、基础等结构元素的创建和编辑工具。

③ 系统：用于 MEP（设备、电气、给排水）系统设计，包括管道、电缆桥架、暖通空调等。

④ 插入：用于插入外部文件，如 CAD 文件、族文件等。

⑤ 注释：提供文字、尺寸标注、符号等注释工具，用于为模型添加信息。

⑥ 分析：包含结构分析、日照分析等工具，支持设计验证和优化。

⑦ 体量和场地：用于创建建筑体量和场地模型，支持概念设计阶段的工作。

⑧ 协作：提供共享、同步、链接等工具，支持团队协作和项目管理。

⑨ 视图：用于管理和调整视图，包括创建、切换、设置视图属性等功能。

⑩ 管理：包含项目参数设置、族管理、用户权限设置等工具，支持项目管理和定制。

⑪ 修改：在整个建模过程中，用于对各类构件和图元进行编辑修改。它包含丰富的编辑工具，如"移动""旋转""缩放""复制""镜像"等基本编辑命令，可对选中的构件进行相应操作，调整其位置、方向和大小。

另外，下载的与"Revit"相关的插件也会在菜单栏中显示。

1.2.1.4　属性面板

Revit 软件的属性面板是一个强大的工具，用于查看和修改图元的属性参数，如图 1.2.1-5 所示，其在整个 Revit 工作流程中扮演着重要角色。

属性面板的主要功能如下。

① 查看和修改图元属性：当选择一个图元时，属性面板会显示其实例属性，允许用户直接修改相关参数。

② 访问类型属性：通过点击"编辑类型"按钮，用户可以打开类型属性对话框，编辑图元所属类型的属性。

③ 类型选择器：位于属性面板顶部，用于快速切换图元类型，方便用户在不同类型之间进行选择。

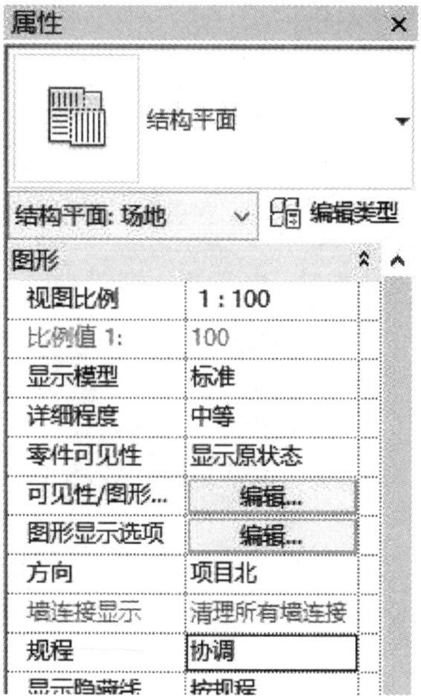

图 1.2.1-5　属性面板

1.2.1.5　项目浏览器

在 Revit 软件的界面布局中，项目浏览器是一个至关重要的组成部分，为用户提供了项目结构的全面概览和便捷导航。作为项目信息的核心枢纽，项目浏览器在 Revit 工作流程中扮演着不可或缺的角色。

如图 1.2.1-6 所示，项目浏览器的主要功能如下。

① 显示项目层次结构：以树形结构展示项目中的所有视图、明细表、图纸、组等元素。

② 快速导航：通过展开和折叠分支，用户可以快速定位和访问特定项目元素。

③ 视图管理：支持创建、编辑和删除视图，方便用户根据项目需求组织和管理视图。

④ 自定义组织：允许用户创建自定义视图组织，根据个人偏好或项目要求调整视图显示顺序。

1.2.2 绘图区域

1.2.2.1 视图窗口

Revit 软件的视图窗口是用户进行设计和建模的主要工作区域，其设计旨在提供高效、灵活的操作体验。用户可以在这里查看和编辑建筑模型。它具有以下特点。

① 可调整大小：用户可以根据需要调整视图窗口的大小，以适应不同的工作需求。

② 可分离：视图窗口可以从 Revit 主窗口中分离出来，成为独立的浮动窗口。这个特性允许用户将视图窗口移动到另一个显示器上，以获得更大的工作空间。

③ 多视图支持：Revit 支持同时打开多个视图窗口，方便用户在不同视图之间快速切换和比较。

1.2.2.2 视图导航栏

Revit 视图导航是用户与建筑信息模型交互的关键环节。除了传统的鼠标滚轮缩放和 Shift＋鼠标中键平移外，Revit 还提供了 ViewCube 工具，可快速切换三维视图视角，如图 1.2.2-1 所示。

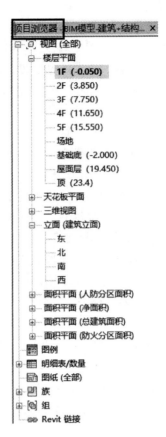

图 1.2.1-6　项目浏览器

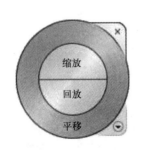

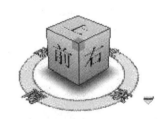

(a) 二维导航栏　　　　　　　　　(b) 三维导航栏：ViewCube

图 1.2.2-1　视图导航栏

1.2.2.3 视图控制栏

Revit 软件的视图控制栏是一个位于视图窗口底部的强大工具，如图 1.2.2-2 所示，它为用户提供了快速访问和调整视图显示效果的功能，如表 1.2.2-1 所示。这个工具栏不仅简化了操作流程，还大大提高了工作效率。

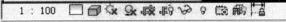

图 1.2.2-2　视图控制栏

表 1.2.2-1　视图控制栏主要工具及功能

工具名称	功能描述
比例	调整视图的比例，可选择预设比例或自定义比例
详细程度	控制模型的显示详细程度，如粗略、中等、精细
视觉样式	切换视图的显示模式，如线框、隐藏线、着色、真实
打开/关闭日光路径	显示或隐藏日光路径，用于分析建筑日照情况
打开/关闭阴影	显示或隐藏模型阴影，增强视觉效果
显示/隐藏渲染对话框	快速访问渲染设置对话框，进行高级渲染调整
重设临时隐藏/隔离	恢复被临时隐藏或隔离的图元

1.2.2.4　选项栏

在 Revit 软件的界面布局中，选项栏是一个重要的辅助功能区，为用户提供了与当前操作相关的条件工具，如图 1.2.2-3 所示。选项栏作为功能区下方的一个动态显示区域，其内容会根据用户选择的工具或图元而变化，从而提供更精确的操作选项。

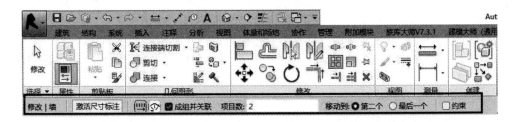

图 1.2.2-3　选项栏

选项栏的主要特点和功能如下。

① 动态显示：选项栏的内容会根据用户选择的工具或图元而变化。例如，当选择"墙"工具时，选项栏会显示墙体的高度、厚度、材质等参数选项，方便用户进行精确设置。

② 灵活调整：用户可以用鼠标右键单击选项栏，选择"固定在底部"，将其移动到 Revit 窗口的底部（状态栏上方）。这种灵活的布局调整功能可以帮助用户根据个人工作习惯优化界面布局，提高工作效率。

③ 上下文相关：选项栏的内容不仅与当前选择的工具相关，还会根据绘图区域中的具体情况进行调整。例如，当选择一个已存在的墙体图元时，选项栏可能会显示修改墙体属性（如高度、厚度）的选项，而不是创建新墙体的参数。

④ 工具选项：对于某些复杂工具，选项栏可能会显示多个相关选项。例如，在使用"对齐"工具时，选项栏可能会提供"对齐类型"（如水平对齐、垂直对齐）、"对齐基准"（如中心线、边）等选项，让用户可以根据具体需求进行精确对齐操作。

1.2.2.5　状态栏

Revit 软件的状态栏位于应用程序窗口底部，如图 1.2.2-4 所示，它是一个重要的信息提示区域，不仅提供操作提示，还能在选择图元时显示其族和类型名称，方便用户快速识别和确认。这种设计大大提高了工作效率，尤其是在处理复杂模型时。

![状态栏图示]
图 1.2.2-4 状态栏

状态栏与其他界面元素（如属性面板和视图控制栏）相互补充，共同构成了 Revit 的高效工作环境。用户可以根据个人偏好调整状态栏的显示设置，以适应不同的工作需求。

1.3 Revit 软件的基础操作

1.3.1 项目的新建、打开与保存

1.3.1.1 项目的新建

在 Revit 软件中，新建项目是创建建筑信息模型（BIM）的第一步。操作步骤如下。

① 打开 Revit 软件：启动 Revit 应用程序。

② 选择新建项目：点击"新建"（项目）按钮（图 1.3.1-1）或使用快捷键 Ctrl＋N。

③ 选择项目模板：选择合适的项目模板作为项目的起点，如建筑样板、结构样板或机械样板，各样板的功能和适用场景见表 1.3.1-1。

④ 点击"新建"：完成上述设置后，点击"新建"按钮开始创建项目。

此外，也可以在进入软件页面后，点击"文件菜单"，再点击"新建"进行项目新建，如图 1.3.1-2 所示。

图 1.3.1-1 项目的新建

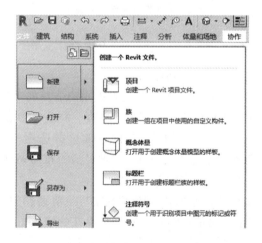
图 1.3.1-2 软件内项目的新建

表 1.3.1-1 Revit 项目模板介绍

模板类型	功能	适用场景
建筑样板	包含建筑模型创建所需的基本设置和元素	住宅、商业建筑设计
结构样板	提供与结构设计相关的设置和工具	工业厂房、桥梁等结构设计
机械样板	集成机电系统设计所需的参数和族库	医院、数据中心等复杂机电系统设计

选择合适的模板可以大大提高项目的初始设置效率，为后续设计工作奠定良好基础。

1.3.1.2　项目的打开

打开 Revit 后，可在左侧项目中选择打开一个项目文件或族文件，也可在项目内点击软件左上角的文件，选择打开，即可打开一个项目、族或者 IFC 文件，同时可直接将文件拖拽至软件中打开。

在文件左上角图标  处也可达到同样的目的，如图 1.3.1-3 所示。

图 1.3.1-3　打开项目文件

在打开文件时，可能会遇到以下问题。

① 文件版本不兼容：尝试使用 Revit 的版本转换功能或更新软件版本。

② 文件丢失：尝试使用 Revit 的修复功能或从备份中恢复。

通过掌握这些不同的打开文件方式和相应的操作步骤，用户可以更高效地在 Revit 中处理已有项目文件，同时能够及时解决可能遇到的问题，确保工作顺利进行。

1.3.1.3　项目的保存

在 Revit 软件中，保存和另存为操作是项目管理的关键环节。这两个功能不仅确保了数据的安全性，还为项目的备份和版本控制提供了重要支持。

保存操作可以通过以下方式完成。

① 点击"保存"按钮：位于快速访问工具栏或"文件"选项卡中。

② 设置自动保存：在"文件"选项卡中，选择"选项"-"保存"，可以设置自动保存的时间间隔和保存路径。

"另存为"功能允许用户创建项目的副本或更改文件的保存位置。操作步骤如下：点击"另存为"按钮，如图 1.3.1-4 所示，选择保存位置，选择文件类型（Revit 支持多种文件类型，如项目文件 .rvt、族文件 .rfa 等），点击"保存"即可。

为避免数据丢失，建议定期执行保存操作。通过合理使用保存和另存为功能，可以有效提高项目管理的效率和安全性。

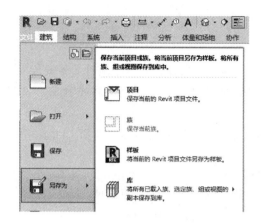

图 1.3.1-4　项目的另存为

1.3.2　图元的选择、移动与复制

1.3.2.1　图元的选择

Revit 图元的选择方法有四种。

（1）单选和多选

单选：用鼠标左键单击图元，即可选中一个目标图元。

多选：按住 Ctrl 键点击图元，增加到选择；按 Shift 键点击图元，从选择中删除。

（2）框选和触选

框选：按住鼠标左键在视图区域从左往右拉框进行选择，在选择框范围之内的图元即为选择目标图元。

触选：按住鼠标左键在视图区域从右往左拉框进行选择，在选择框接触到的图元即为选择目标图元。

（3）按类型选择

单选一个图元之后，单击鼠标右键弹出右键菜单栏，选择全部实例，即可在当前视图或整个项目中选中这种类型的图元，如图 1.3.2-1 所示。

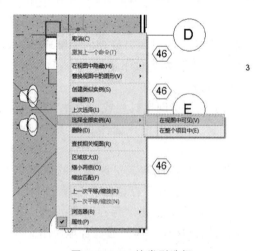

图 1.3.2-1　按类型选择

（4）滤选

在使用框选或触选之后，如果选中多种类别的图元，想要单独选中其中某一类别的图元，在上下文选项卡中单击过滤器，或在屏幕右下角状态栏单击过滤器，即可弹出过滤器对话框，进行筛选。过滤器的选择如图1.3.2-2所示，打开的过滤器页面（图1.3.2-3），可以根据视图需要进行勾选或者取消勾选。

图 1.3.2-2　过滤器的选择

图 1.3.2-3　过滤器页面

1.3.2.2　图元的移动

（1）移动

Revit 提供了多种方式来实现图元的移动。

① 直接拖拽：将光标放置在要移动的图元上，当光标变为移动图标时，按住鼠标左键并拖动图元到新位置，但精准度欠佳。

② 使用移动工具：选择要移动的图元，点击"修改"面板中的"移动"工具，指定基点和目标点。

③ 用临时尺寸：选择要移动的图元，修改临时尺寸值来改变图元位置。

对于大型模型或复杂场景，直接拖拽可能效率较低。在这种情况下，可以考虑使用"移动"工具或修改临时尺寸来实现精确控制。此外，合理设置"捕捉"功能可以提高移动操作的准确性。

（2）对齐与锁定

在 Revit 软件中，图元对齐与锁定是确保模型准确性和一致性的关键操作。用户可以通过"修改"面板中的"对齐"工具快速实现图元的精确对齐，而"锁定"功能则能防止意外移动或修改。为提高效率，建议使用"对齐"工具的"锁定"选项，这不仅能保持对齐关系，还能避免误操作。

1.3.2.3 图元的复制

Revit 提供了多种灵活的复制方式，以满足不同用户的需求和工作习惯。以下是 Revit 中图元简单复制的主要操作方式。

① 基本复制：选择要复制的图元，点击"修改"面板中的"复制"工具，如图 1.3.2-4 所示，指定基点和目标点，完成图元的复制。适用于复制单个图元或少量图元，可精确控制复制位置。

② 剪贴板复制：选择要复制的图元，点击"修改"面板中的"复制到剪贴板"，切换到目标位置，点击"修改"面板中的"粘贴"，此方法可在不同视图或项目之间复制图元，支持跨项目复制，如图 1.3.2-5 所示。

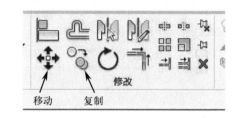

图 1.3.2-4 图元的移动和复制

图 1.3.2-5 图元的剪贴板复制

③ 镜像复制：选择要镜像的图元，点击"修改"面板中的"镜像-拾取轴"或"镜像-绘制轴"工具，如图 1.3.2-6 所示，勾选"复制"选项，拾取（或绘制）对称轴，确认镜像设置。

④ 阵列复制：选择要阵列的图元（单个图元或多个图元），点击"修改"面板中的"阵列"工具，如图 1.3.2-7 所示，在选项栏中设置阵列参数（阵列方式：线性或径向。项目数：要创建的副本数量。间距：图元之间的距离。成组并关联：是否将阵列元素组合在一起），指定阵列的基点和方向（通常是图元的某个端点或中心），按 Enter 键或点击鼠标右键。这种方法特别适用于创建规则排列的建筑元素，如柱子、窗户、灯具等。

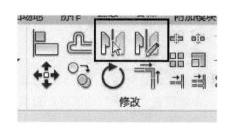

图 1.3.2-6 图元的镜像复制

图 1.3.2-7 图元的阵列复制

1.3.3　图元的修改、隐藏与删除

1.3.3.1　图元的修改

（1）几何修改

在 Revit 中，"修改"面板是一个强大的工具集，如图 1.3.3-1 所示，为用户提供了多种图元修改的选项。这个面板位于 Revit 界面的功能区，专门用于处理和调整已创建的建筑图元。

图 1.3.3-1　"修改"面板

（2）属性修改

在 Revit 中，图元属性编辑是一项关键功能，它允许用户精确控制和调整建筑模型中的各种元素。Revit 提供了两种主要的属性类型：实例属性和类型属性，每种类型都有其独特的编辑方法和应用场景。

① 实例属性。实例属性是指特定图元实例所特有的属性，这些属性仅影响被选中的图元。编辑实例属性的操作步骤：选择图元，在 Revit 界面属性面板中，找到并修改所需的实例属性参数。如图 1.3.3-2 所示为墙的属性修改，修改墙体实例的"顶部标高"属性只会影响被选中的墙体，而不会改变同一类型的其他墙体的属性。

② 类型属性。类型属性则是由同一族中的所有图元共用的属性。如图 1.3.3-3 所示，修改类型属性会影响该族类型的所有实例，包括已创建的和即将创建的图元。编辑类型属性的操作步骤：选中要编辑类型属性的图元实例，在属性面板中，点击"编辑类型"按钮，在"类型属性"对话框中，修改所需的属性参数，点击"确定"按钮，应用更改。

1.3.3.2　图元的隐藏

Revit 中图元隐藏的常用方式包括临时隐藏和永久隐藏。临时隐藏适用于快速调整视图内容，而永久隐藏则适用于需要长期隐藏某些图元的情况。

（1）临时隐藏

选中需要隐藏的图元或构件，点击视图控制栏中的"临时隐藏/隔离"按钮（图1.3.3-4），在弹出的选项中选择"隐藏元素"或"隐藏类别"（如果需要隐藏的是某一类图元）。

临时隐藏的图元在绘图界面上会显示一圈蓝色方框，并附有文字提示，它只影响当前视图，不会影响其他视图或整个项目。

要取消临时隐藏，只需再次点击视图控制栏中的"临时隐藏/隔离"按钮，并选择"重设临时隐藏/隔离"即可。

图 1.3.3-2 "实例属性"修改

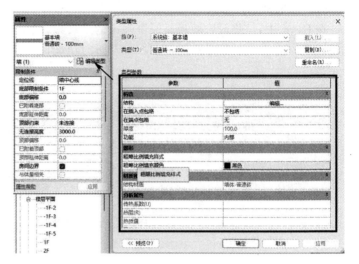

图 1.3.3-3 "类型属性"修改

图 1.3.3-4 临时隐藏

（2）永久隐藏

选中需要隐藏的图元或构件，在"修改"选项卡中找到并点击"在视图中隐藏"命令，在弹出的选项中选择"隐藏图元"或"隐藏类别"（如果需要隐藏的是某一类图元），如图 1.3.3-5 所示。

永久隐藏同样只影响当前视图，如果不进行取消隐藏操作，图元将一直隐藏。要取消永久隐藏，需要先点击视图控制栏中的"显示隐藏的图元"按钮（同样是一个小灯泡图标），这样被永久隐藏的图元会以半透明形式显示。然后，选中需要取消隐藏的图元，并在选项卡中选择"取消隐藏图元"。

图 1.3.3-5 永久隐藏

1.3.3.3 图元的删除

图元的删除：选择要删除的图元，按下键盘上的"Delete"键，或者点击工具栏中的 ✖ "删除"按钮。这些方法适用于大多数情况，但在处理复杂模型时，建议先使用临时隐藏功能来评估删除的影响，以避免不必要的损失。

撤销恢复：在 Revit 中，误删图元后可通过撤销图元删除操作来恢复图元，按下"Ctrl+Z"组合键，可以快速撤销上一步操作，包括图元删除，或在"快速访问工具栏"中，点击"撤销"按钮，也可以撤销最近的操作。

需要注意的是，Revit 的撤销功能有一定的限制，通常只能撤销最近的几步操作。因此，在执行删除操作前，建议先使用临时隐藏功能评估影响，以避免不必要的损失。

1.4 项目案例

本书接下来的软件操作将以"某高校实训科创楼"为例进行介绍，该项目简介如下。

该高校始终秉持严谨治学的教育理念，为充分发挥学校在教学与科研方面的独特优势，规划并创建了实训科创楼这种框架结构多层公共建筑。该建筑在空间布局与功能设计上展现出卓越的科学性与前瞻性，致力于为师生提供优质的教学科研环境。

实训科创楼总建筑面积为 $34017m^2$。其中，地上建筑面积为 $24996m^2$，这里分布着功能各异的实验室与工作室。这些空间为师生们开展专业实验、科技创新项目研究以及学术交流活动提供了充足且舒适的场所。地下建筑面积为 $9021m^2$，主要用于构建地下车库等配套设施，进一步完善了建筑的整体功能布局。

考虑到人员日常使用的便捷性与高效性，实训科创楼在室内交通设计上精心规划，设有七个楼梯与八部电梯。多样化的垂直交通方式，能够充分满足不同时段、不同人员流量情况下的通行需求。

结构部分，实训科创楼采用框架结构体系，以钢筋混凝土为核心材料，兼具稳定性与安全性。基础采用独立基础，地下一层为 5.4m 高的地下车库，建筑面积 $9021m^2$，柱网布局合理，保障空间利用率与通行便利。地上共五层，首层层高 5.4m，满足大型设备安置需求，其余楼层层高 4.2m，总建筑高度 26.4m。主体结构中，矩形截面结构柱与框架梁构成承重体系，通过参数化建模精准布置，确保荷载有效传递；现浇混凝土楼板厚度依功能区域调整，实验室等重载区域加厚处理，并通过 Revit 实现钢筋布置与边界优化。二次结构采用 200mm 加气混凝土砌块墙，兼顾保温与隔声，楼梯、阳台、门窗洞口等细节通过族库快速建模，与主体结构精准衔接，提升建模效率与施工精度。整体结构设计科学，满足教学科研对空间与荷载的多元需求。

机电部分，实训科创楼机电系统涵盖给排水、暖通空调、建筑电气三大领域，通过 Revit 实现多专业协同设计。给排水系统中，生活给水采用分区加压，地下水泵房通过镀锌钢管输水；消防系统含消火栓与喷淋系统，按规范间距布置，确保灭火效能。排水采用污废分流，排水管按坡度（如 DN100、管道坡度 0.02）敷设，地下车库设雨水收集系统。暖通空调系统包含新风、回风与排烟系统，新风与回风通过风机实现空气循环，排烟系统在发生火灾时可快速排烟；空调采用风机盘管加新风模式，冷媒管与冷凝水管按坡度要求安装，保障冷凝水排放顺畅。建筑电气系统设强弱电竖井，桥架分强弱电独立敷设，配电箱按区域配置，导线规格依负荷选择（如照明 BV-2.5mm²、插座 BV-4mm²），接地系统安全可靠。各系统通过 Revit 过滤器区分显示（如消防水管红色、生活水管蓝色），结合碰撞检查提前规避管线冲突，确保机电设备高效运行，为建筑提供舒适、安全的使用环境。

实训楼建筑完成成果展示如图 1.4-1 所示。

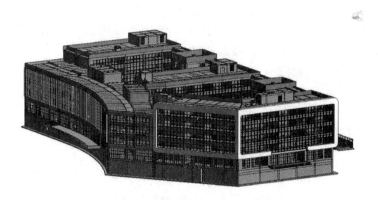

图 1.4-1 实训楼建筑完成成果展示

 小结

本章介绍了 BIM（建筑信息模型）的理念及其核心特点，包括可视化、协调性、模拟性、优化性和可出图性，并通过 Autodesk Revit 软件的应用展示了 BIM 在建筑设计、施工和运营中的实际价值。此外，还深入讲解了 Revit 的功能、协作方式、界面布局及基础操作。另外，为确保后续各章节内容更具实践指导意义，特选取"某高校实训科创楼"项目案例作为操作案例。

 练习与拓展

一、单选题

1. BIM 的核心特点不包括以下哪一项？（   ）

A. 可视化   B. 协调性   C. 模拟性   D. 人工性

2. Revit 软件的文件后缀名是（   ）。

A. .dwg   B. .rvt   C. .ifc   D. .pdf

3. 以下哪一项不属于 Revit 的族分类？（   ）

A. 系统族   B. 标准族   C. 外部族   D. 内建族

4. Revit 的参数化设计中，以下哪一项是与单个图元实例相关联的参数？（   ）

A. 类型参数   B. 实例参数   C. 全局参数   D. 局部参数

二、思考题

1. 结合教材内容，简述 BIM 的核心理念及其在建筑全生命周期中的作用。

2. Revit 的参数化设计如何提高建筑设计的效率和灵活性？请举例说明。

第 2 章

建筑模型创建

 本章知识导图

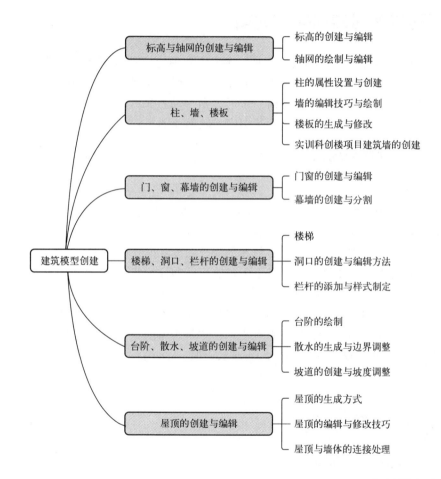

```
                              ┌─ 标高的创建与编辑
          标高与轴网的创建与编辑 ─┤
                              └─ 轴网的绘制与编辑

                              ┌─ 柱的属性设置与创建
                              ├─ 墙的编辑技巧与绘制
          柱、墙、楼板 ────────┤
                              ├─ 楼板的生成与修改
                              └─ 实训科创楼项目建筑墙的创建

                              ┌─ 门窗的创建与编辑
          门、窗、幕墙的创建与编辑 ┤
                              └─ 幕墙的创建与分割

建筑模型创建                      ┌─ 楼梯
          楼梯、洞口、栏杆的创建与编辑 ┤─ 洞口的创建与编辑方法
                              └─ 栏杆的添加与样式制定

                              ┌─ 台阶的绘制
          台阶、散水、坡道的创建与编辑 ┤─ 散水的生成与边界调整
                              └─ 坡道的创建与坡度调整

                              ┌─ 屋顶的生成方式
          屋顶的创建与编辑 ──────┤─ 屋顶的编辑与修改技巧
                              └─ 屋顶与墙体的连接处理
```

学习目标

了解	1. 熟悉 Revit 建筑界面核心区域
	2. 掌握建筑模块基础功能
熟悉	能够完成小型建筑模型的创建
应用	可以独立完成样例文件建筑部分建模

扫码观看视频/听语音讲解

第 2 章 建筑模型创建

建筑模型创建作为设计理念具象化的关键环节，不仅是几何形体的数字化重构，更是贯彻"问题导向"思维的重要实践载体。在习近平总书记关于质量强国建设的重要论述指引下，Revit 建模技术通过三维可视化、参数化设计与协同工作机制，为建筑全生命周期管理提供了系统性解决方案。该技术通过构建包含材料属性、空间关系及性能参数的信息模型，能够在设计阶段即模拟施工流程、检测管线碰撞、优化空间布局，将传统建造模式中后置的问题前置化处理。

在数字设计层面，BIM 技术支持多专业协同工作，通过实时更新的关联数据库，使建筑师、结构工程师与设备工程师在统一模型平台上实现数据互认与方案迭代，有效规避因专业壁垒导致的设计冲突。在智能建造领域，参数化建模可自动生成工程量清单，结合施工进度模拟技术，实现资源配置的动态优化。这种以问题为导向的建模方法，不仅提升了设计精度与施工效率，更通过全要素数字化管控为绿色建造与可持续运维奠定了基础。

2.1 标高与轴网的创建与编辑

在 Revit 2018 软件中进行建筑设计时，建议优先创建标高，而后创建轴网。如此操作，能够确保在各层平面图中的轴网得以正确显示。若先创建轴网，再创建标高，则需要在两个不平行的立面视图（如南立面、东立面）中，分别手动将轴线的标头拖拽至顶部标高之上，只有这样，在后续创建的标高楼层平面视图中，轴网才能正常显示。

2.1.1 标高的创建与编辑

2.1.1.1 标高的创建

在 Revit 2018 中，"标高"工具用于定义建筑内的垂直高度或楼层标高。在创建标高时，针对每个已知楼层或其他必要的建筑参照（如第二层、墙顶、基础底端等），均需创建相应标高。需注意的是，添加标高的操作必须在剖面视图或立面视图中进行。在添加标高的过程中，还可选择创建关联的平面视图。以下为创建标高的详细步骤。

打开 Revit 2018 程序自带的样板文件"DefaultCHSCHS"，切换至立面图视图。在绘图区域内，双击"标高 1"，此时"标高 1"名称处于可编辑状态，将其修改为"F1"，修改完成后按回车键确认（图 2.1.1-1）。系统会弹出"是否希望重命名相应视图"的提示框，点击"是（Y）"即可。按照同样的操作方法，将"标高 2"的名称修改为"F2"，见图 2.1.1-2。

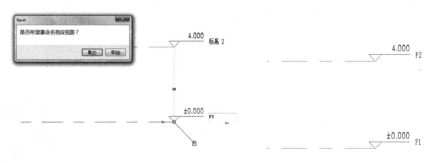

图 2.1.1-1　修改 F1 视图名称　　　　图 2.1.1-2　修改 F2 视图名称

单击"建筑"选项卡下"基准"面板中的"标高"工具，此时状态栏会显示"单击以输入标高起点"的提示信息。将光标移动至视图中"F2"左侧标头正上方，当出现标头对齐虚线时，单击鼠标左键，即可捕捉到标高起点，见图 2.1.1-3。

图 2.1.1-3　绘制 F3 标高起点

从左向右移动光标，至"F2"右侧标头上方，当再次出现标头对齐虚线时，单击鼠标左键，捕捉标高终点，此时标高"F3"创建完成，如图 2.1.1-4 所示。

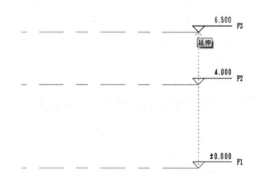

图 2.1.1-4　绘制 F3 标高终点

绘制标高时，不必考虑标高尺寸，可如实进行修改：单击选择"F3"标高，这时在 F2 与 F3 之间会显示一条临时尺寸标注，见图 2.1.1-5；在临时尺寸标注值上单击激活文本框，输入新的层高值（如 3300），按"Enter"键确认，将二层与三层之间的层高修改为 3.3m，见图 2.1.1-6。

图 2.1.1-5　显示可修改尺寸

图 2.1.1-6　修改尺寸

利用工具栏中的"复制"工具，创建地坪标高和地下一层标高。选择标高"F2"，在工具栏中单击"复制"命令，在选项栏中勾选多重复制选项"多个"，见图 2.1.1-7。此时，状态栏显示"单击可输入移动起点"。移动光标，在标高"F2"上单击捕捉一点作为复制参考点，然后垂直向下移动光标，输入间距值（如 4450），按"Enter"键确认后复制出地坪标高，如图 2.1.1-8 所示。继续向下移动光标，输入间距值（如 3000），按"Enter"键确认后复制出地下一层标高。单击标头名称，激活文本框，分别输入新的标高名称 F0、F-1 后按"Enter"键确认，结果如图 2.1.1-9 所示。

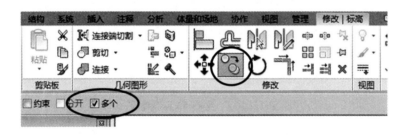

图 2.1.1-7　复制

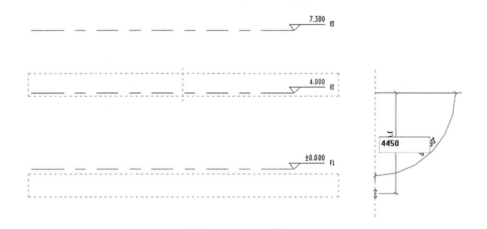

图 2.1.1-8　复制标高

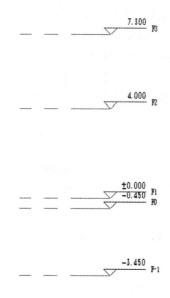

图 2.1.1-9　标高绘制完毕

至此，建筑的各个标高即创建完成，点击"快速访问工具栏"中的保存命令保存文件。在弹出的对话框中，可以看到默认的"文件类型"为".rvt"项目文件（图 2.1.1-10），输入文件名称，点击"保存"。

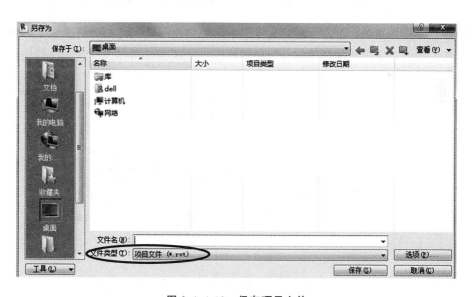

图 2.1.1-10　保存项目文件

2.1.1.2　标高的编辑

标高图元的组成包括：标高值、标高名称、对齐锁定开关、对齐指示线、弯折、拖拽点、2D/3D 转换按钮、标高符号显示/隐藏、标高线。

单击拾取标高"F0"，从"属性"选项板的"类型选择器"下拉列表中选择"标高：下标头"类型，标头自动向下翻转方向，结果见图 2.1.1-11。

复制的 F0、F-1 标高是参照标高，因此新复制的标高标头都是黑色显示，而且在项目浏览器中的"楼层平面"项下也没有创建新的平面视图，下面将对标高做局部调整。单击"视图"选项卡下"平面视图"下拉菜单中的"楼层平面"工具，打开"新建平面"对话框，见图 2.1.1-12。从下面列表中选择"F0"，单击"确定"后，在项目浏览器中创建了新的楼层平面"F0"。同理，在项目浏览器中创建新的楼层平面"F-1"。

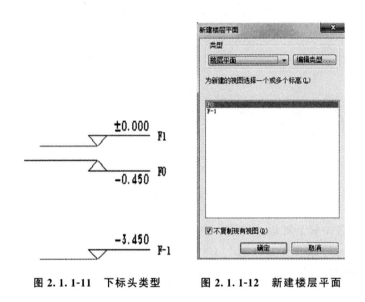

图 2.1.1-11　下标头类型　　　图 2.1.1-12　新建楼层平面

选择任意一根标高线，会显示临时尺寸、一些控制符号和复选框，见图 2.1.1-13，可以进行编辑其尺寸值、单击并拖拽控制符号可整体或单独调整标高标头位置、控制标头隐藏或显示、标头偏移等操作。

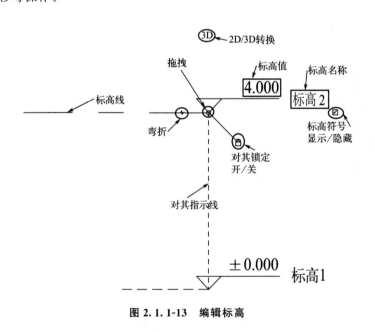

图 2.1.1-13　编辑标高

2.1.1.3 某实训科创楼项目标高

该实训科创楼项目属于多层公共建筑，结构类型是框架结构，基础形式为独立基础。地下一层，地上五层，总建筑高度23.95m，地下室层高5.40m/3.90m，地上层高5.40m/4.20m。根据建筑图纸中的立面图及剖面图，利用Revit 2018绘制该项目的标高。

双击Revit 2018图标打开软件，在"项目浏览器"中"立面（建筑立面）"里双击"南"进入南立面视图，系统自带标高1和标高2，如图2.1.1-14所示。

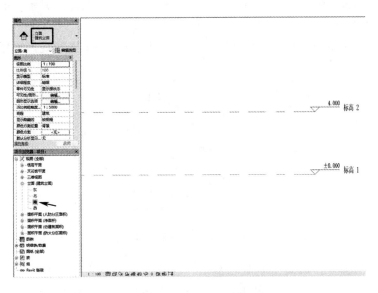

图2.1.1-14　建筑立面（南立面）

单击功能区内的"标高"，进入创建标高界面，按照2.1.1.1小节中创建标高方法，依据建筑图纸（详见图纸）要求创建实训科创楼项目标高，如图2.1.1-15所示。

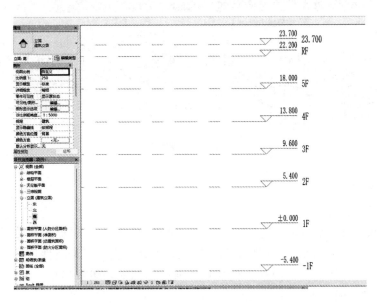

图2.1.1-15　实训科创楼项目标高

2.1.2　轴网的绘制与编辑

2.1.2.1　创建轴网

在 Revit 2018 中，轴网只需要在任意一个平面视图中绘制一次，其他平面和立面、剖面视图中都将自动显示。

在项目浏览器中双击"楼层平面"项下的"F1"视图，打开首层平面视图。单击"建筑"选项卡下"基准"面板中的"轴网"工具（图 2.1.2-1），状态栏显示"单击可输入轴网起点"。移动光标到视图中单击鼠标左键捕捉一点作为轴线起点，然后从上向下垂直移动光标一段距离后，再次单击鼠标左键捕捉轴线终点，创建第一条垂直轴线，轴号为 1。

图 2.1.2-1　轴网工具

单击选择 1 号轴线，单击工具栏"复制"命令，在选项栏中勾选"约束"和"多个"（图 2.1.2-2）。移动光标在 1 号轴线上单击捕捉一点作为复制参考点，然后水平向右移动光标，输入轴线间距值后按"Enter"键，确认后可复制随后的横向定位轴线。同理，可绘制纵向定位轴线，形成轴网。

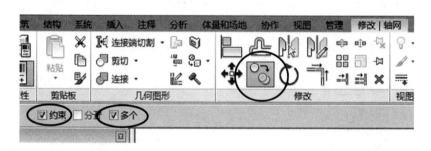

图 2.1.2-2　复制工具

2.1.2.2　编辑轴网

（1）"属性"选项板

在放置轴网时或在绘图区域选择轴线时，可通过"属性"选项板的"类型选择器"选择或修改轴线类型（图 2.1.2-3）。同样，可对轴线的实例属性和类型属性进行修改。

实例属性：对实例属性进行修改仅会对当前所选择的轴线有影响。可设置轴线的"名称"和"范围框"（图 2.1.2-4）。

类型属性：点击"编辑类型"按钮，弹出"类型属性"对话框（图 2.1.2-5），对类型属性的修改会对和当前所选轴线同类型的所有轴线有影响。相关参数如下。

① 符号。从下拉列表中可选择不同的轴网标头族。

② 轴线中段。若选择"连续"，则轴线按常规样式显示；若选择"无"，则将仅显示两段的标头和一段轴线，轴线中间不显示；若选择"自定义"，则将显示更多的参数，可以自定义自己的轴线线型、颜色等。

③ 轴线末端宽度。可设置轴线宽度为1～16号线宽；"轴线末端颜色"参数可设置轴线末端颜色。

④ 轴线末端填充图案。可设置轴线线型。

⑤ 平面视图轴号端点1（默认）、平面视图轴号端点2（默认）。勾选或取消勾选这两个选项，即可显示或隐藏轴线的起点和终点标头。

⑥ 非平面视图轴号（默认）。该参数可控制立面、剖面视图上轴线标头的上下位置。可选择"顶""底""两者"（上下都显示标头）或"无"（不显示标头）。

（2）调整轴线位置

单击轴线，会出现这根轴线与相邻两根轴线的间距（蓝色临时尺寸标注），点击间距值，可修改所选轴线的位置（图2.1.2-6）。

图 2.1.2-3 类型选择器

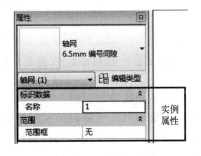

图 2.1.2-4 实例属性

图 2.1.2-5 类型属性

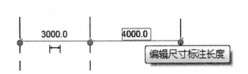

图 2.1.2-6 调整轴线位置

（3）修改轴线编号

单击轴线，然后单击轴线名称，可输入新值（可以是数字或字母）以修改轴线编号。也可以选择轴线，在"属性"选项板上输入其他"名称"属性值，来修改轴编号。

（4）调整轴号位置

有时相邻轴线间隔较近，轴号重合，这时需要将某条轴线的编号位置进行调整。选择现有的轴线，单击"添加弯头"拖拽控制柄（图 2.1.2-7），可将编号从轴线中移开（图 2.1.2-8）。

选择轴线后，可通过拖拽模型端点修改轴网，见图 2.1.2-9。

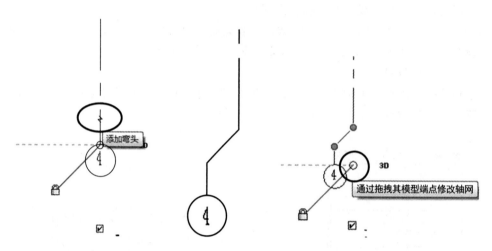

图 2.1.2-7　添加弯头　　图 2.1.2-8　轴号调位　　图 2.1.2-9　拖拽模型端点

（5）显示和隐藏轴网编号

选择一条轴线，会在轴网编号附近显示一个复选框。单击该复选框，可隐藏/显示轴网编号，见图 2.1.2-10。也可选择轴线后，点击"属性"选项板上的"编辑类型"，对轴号可见性进行修改，见图 2.1.2-11。

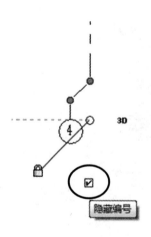

图 2.1.2-10　隐藏编号

图 2.1.2-11 轴号可见性修改

2.1.2.3 某实训科创楼轴网创建

由一层平面图可知，该实训科创楼项目轴网东西长 59250mm，南北长 119875mm，有多条辅助轴线，且西侧轴线并非为直线，在绘制轴网时会有些许难度。

双击 Revit 2018 图标打开软件，打开在 2.1.1.3 小节中创建的标高项目，在"项目浏览器"中"楼层平面"里双击"1F"进入 1 层楼层平面（图 2.1.2-12）。

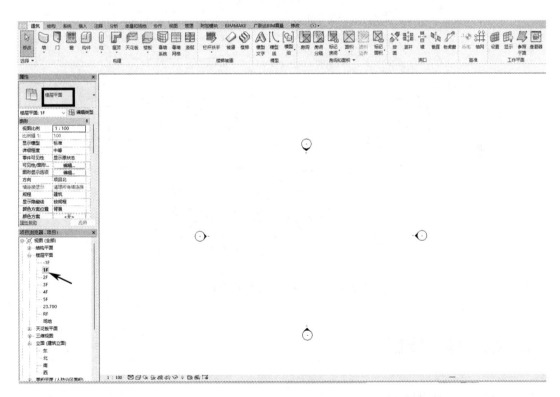

图 2.1.2-12 楼层平面（1F）

单击功能区内的"轴网"，进入创建标高界面，按照 2.1.2.1 小节中创建轴网的方法，依据建筑图纸（详见图纸）要求创建实训科创楼项目轴网，如图 2.1.2-13 所示。

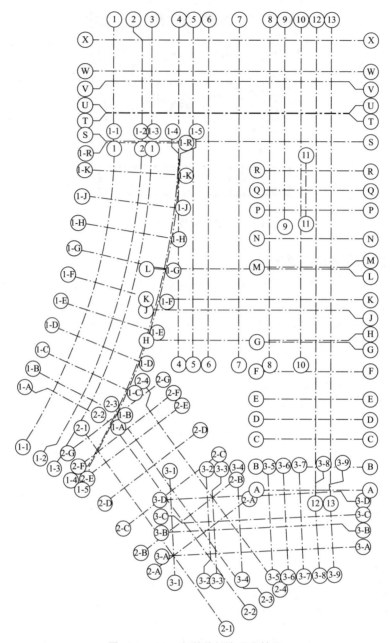

图 2.1.2-13　实训科创楼项目轴网

2.2　柱、墙、楼板

2.2.1　柱的属性设置与创建

（1）"属性"选项板

在 Revit 2018 软件操作界面中，当我们需要创建建筑柱时，首先要找到进入建筑柱属性"选项板"的路径，如图 2.2.1-1 所示。具体操作是，在功能区中选择"建筑"选项卡，在其下拉菜单中找到"柱"选项，进一步选择"柱：建筑"，此时即可成功进入建筑柱的属性"选项板"，该选项板为后续精确设置柱的各项参数提供了基础。

（2）柱的创建

当需要对柱的类型及尺寸进行设定时，可通过属性选项板完成相应操作。具体操作流程为：在软件界面中找到并打开属性选项板，下拉属性选项板中的相关列表，此时会展示出一系列柱类型及对应的尺寸选项（图 2.2.1-2）。若这些选项中不存在符合设计需求的柱类型，可进一步选择

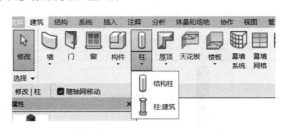

图 2.2.1-1　柱属性面板的进入

"编辑类型"功能，如图 2.2.1-3 所示。点击"编辑类型"后，界面将弹出相应的编辑窗口，在此窗口中，选择"载入"按钮（图 2.2.1-4），系统便会自动链接至 Revit 软件自带的族类型库。在该族类型库中，用户能够依据自身的设计意图，挑选出符合项目需求的柱族类型。

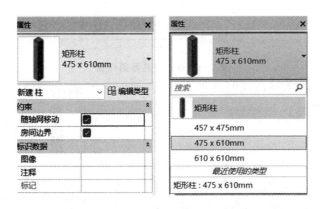

图 2.2.1-2　柱类型及尺寸的选择

图 2.2.1-3　编辑类型

图 2.2.1-4　载入族

（3）属性设置

① 随轴网移动：点选后绘制上柱模型，移动轴网时柱模型也会跟随移动，而取消点选时则相反，如图 2.2.1-5 所示。

② 房间边界：点选后柱的面积则不参与房间面积的计算。即房间面积为房间总面积减去柱截面面积。若取消点选房间面积计算，则会无视柱的参与。如图 2.2.1-5 所示。

③ 材质：可更改柱构件的材质以及材质外观等。

④ 图 2.2.1-6 中的尺寸标注可更改柱的截面尺寸。

⑤ 放置后旋转（图 2.2.1-7）：柱放置后即可立刻旋转。

⑥ 深度、高度（图 2.2.1-7）：深度是柱由当前标高向下延伸，高度是由当前标高向上延伸。

（4）柱的放置

选择柱后在平面图中点击即可放置柱模型，放置后点击已建好的柱模型即可再次编辑选中柱的各种参数，如图 2.2.1-8 所示。

图 2.2.1-5　类型属性

图 2.2.1-6　属性设置

图 2.2.1-7　柱放置前设置

2.2.2　墙的编辑技巧与绘制

（1）墙的编辑

在选项卡"建筑"中下拉墙选项（图 2.2.2-1），选择"墙：建筑"，进入墙的属性选项板，底部约束为墙的最低点，顶部约束为墙的最高点，未连接表示不选择标高，而是自己设置墙的高度，如图 2.2.2-2 所示。

如图 2.2.2-3 所示，墙的前置设置有以下功能。

① 定位线：分为核心层和面层（图 2.2.2-4），中心线为墙中，核心层为结构层最外边，面层为墙粉刷层或装饰层的最外边（图 2.2.2-5）。

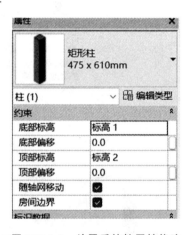

图 2.2.1-8　放置后的柱属性修改

图 2.2.2-1　建筑墙的选择

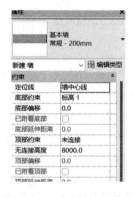

图 2.2.2-2　建筑墙属性板

| 标高: NQ_-1F (∨) | 高度: (∨) -0.3 | 5300.0 | 定位线: 核心层中心线 (∨) | ☑链 偏移: 0.0 | □半径: 1000.0 | 连接状态: 允许 (∨) |

图 2.2.2-3 墙的前置设置

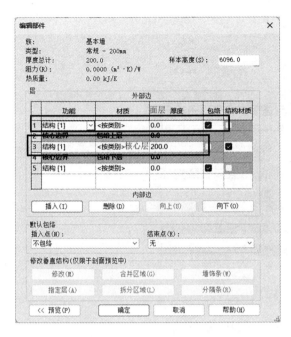

图 2.2.2-4 核心层与面层

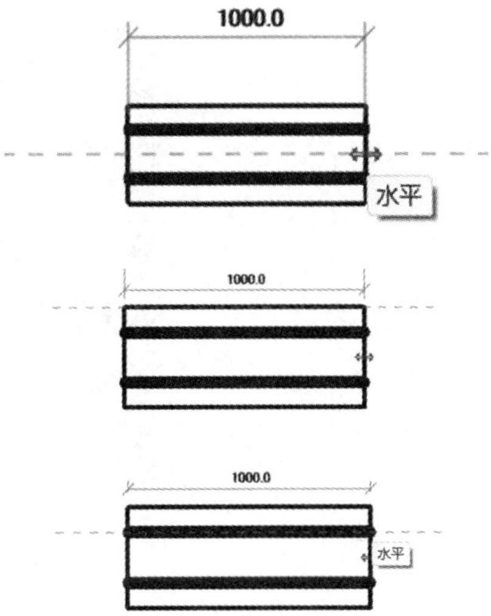

图 2.2.2-5 定位线

② 链：使墙在绘制时可以连续绘制，如图 2.2.2-6 所示。

③ 偏移：绘制墙时墙位置向上或向下偏移。

④ 半径：指两堵墙连接时，连接处的弧度，如图 2.2.2-7 所示。

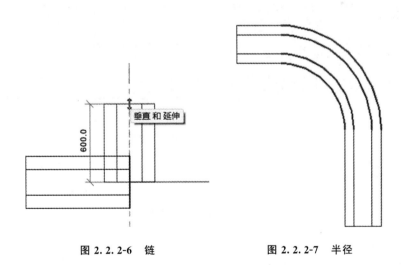

图 2.2.2-6 链

图 2.2.2-7 半径

⑤ 连接状态：当允许连接时，画出的两堵墙如果有交叉即可自动连接形成转角。

在墙的编辑类型中选择如图 2.2.2-8 所示结构选项，进入墙的编辑。

在墙的编辑中点击材质中的"按类别"，再点击"三点"，即可编辑组成部分的材质，在厚度栏中可随意更改厚度，选择下方插入和删除，可随意更改墙的组成，选择任意组件即可将其向上或向下移动，使其更改位置。点击左下角的"预览"可打开墙的整体预览，实时观察墙的组成，如图 2.2.2-9 所示。

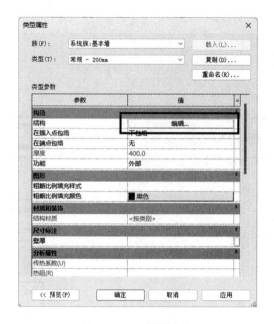

图 2.2.2-8　类型属性

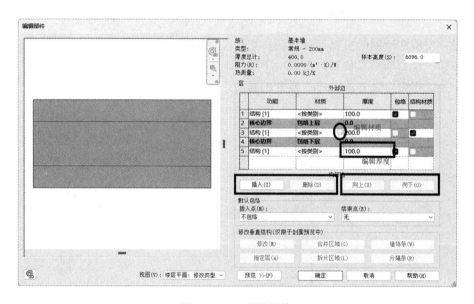

图 2.2.2-9　编辑部件

（2）墙的绘制

编辑好墙身大样后，就可以绘制墙体，放置完成后，也可选中任意一堵墙，拖动右侧的点，可以改变墙的长度（图 2.2.2-10）。

例如根据实训楼图纸（图 2.2.2-11～图 2.2.2-13）绘制墙体。

图 2.2.2-10　墙的绘制

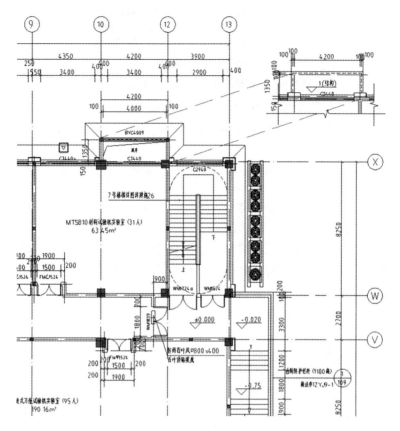

图 2.2.2-11　建筑平面图

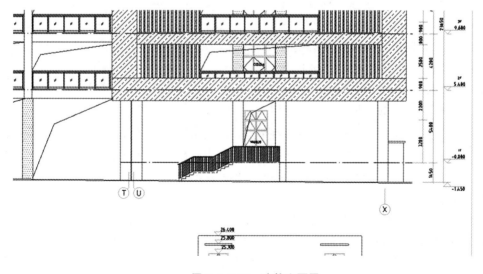

图 2.2.2-12　建筑立面图

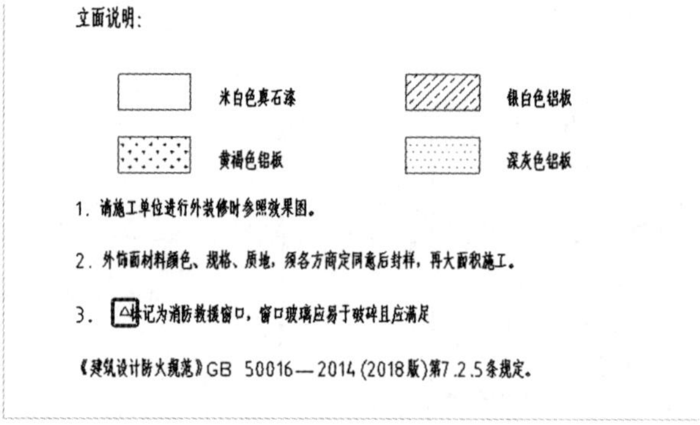
立面说明：
米白色真石漆
银白色铝板
黄褐色铝板
深灰色铝板
1. 请施工单位进行外装修时参照效果图。
2. 外饰面材料颜色、规格、质地，须各方商定同意后封样，再大面积施工。
3. △标记为消防救援窗口，窗口玻璃应易于破碎且应满足
《建筑设计防火规范》GB 50016—2014（2018版）第7.2.5条规定。

图 2.2.2-13　建筑立面说明

根据图纸在建筑选项卡中选择建筑墙，创建或选择 200mm 厚墙体，进入编辑类型页面，点击“结构编辑”进入编辑部件页面进行修改，根据设计说明，墙体为 C20 混凝土，面层厚度为 6mm。首先将核心材料设置为 C20 混凝土，再点击“插入”，将新插入的结构移动到最上层，将其厚度改为 6mm，根据相对应的立面说明将材质改为米白色真石漆，完成后如图 2.2.2-14 所示。点击“确认”，设置好墙体，将墙体绘制到相应位置即可。

层
外部边
功能
材质
厚度
包络
结构材质
1 结构 [1] 米白色真石漆 6.0
2 核心边界 包络上层 0.0
3 结构 [1] C20混凝土 200.0
4 核心边界 包络下层 0.0
内部边
插入(I)
删除(D)
向上(U)
向下(O)

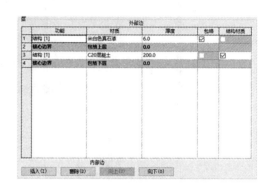

图 2.2.2-14　编辑部件

2.2.3　楼板的生成与修改

（1）楼板的生成

在“建筑”选项卡中找到“楼板：建筑”选项，点击进入楼板绘制界面（图 2.2.3-1）。进入绘制界面后，软件会提供多种绘制工具，如矩形、直线、多边形等，可以根据楼板形状需求选择合适的工具。例如，楼板是矩形的，可以选择“矩形”工具，在绘图区域中，通过点击两个对角点，绘制出矩形的楼板边界。若楼板形状较为复杂，如带有弧形边，可以使用“直线”和“弧线”工具配合绘制出精确的边界。也可使用绘制表中第三排第三个拾取线功能，可根据已画出的图形边界或图纸线条来拾取，更加快捷地进行绘制，但其缺点是线条容易过长或过短，需要二次修改。

创建楼层边界
边界线
坡度箭头
跨方向
设置
模式
绘制

图 2.2.3-1　楼板页面

绘制完成楼板边界后，点击“完成编辑模式”按钮，楼板就会在模型中生成。生成的楼板默认厚度和材质等属性是按照软件预设或上次使用的设置，如果需要修改，可以选中生成的楼板，在“属性”面板中修改此楼板的“属性参数”。

在“属性”面板中，可以修改楼板的标高，将楼板放置到合适的楼层位置。点击“编辑类型”按钮，在弹出的“类型属性”对话框中，可以对楼板的多种属性进行设置。在“构

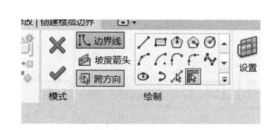

造"参数中，点击"编辑"按钮，进入"编辑部件"对话框，这里可以修改楼板的厚度。例如，将楼板厚度从默认的150mm修改为200mm，只需在"厚度"栏中输入200即可。还可以在"材质和装饰"部分选择不同的楼板材质，如混凝土、木质等，不同材质在模型显示和后期分析中会呈现不同的效果。

（2）楼板的修改

在生成楼板前，或者在生成楼板后点击楼板，进入楼板设置界面，该界面的设置与上文墙的基础设置有相似之处。其中，楼板标高一般指楼板的顶标高。在楼板的属性设置中，可对楼板的类型、厚度、材质等参数进行修改。例如，进入编辑类型，在"构造-结构-编辑"中可更改楼板的厚度；在材质和装饰选项中可选择不同的楼板材质，如图2.2.3-2所示。此外，如果需要调整楼板的边界，可以再次点击"编辑边界"按钮，如图2.2.3-3所示。回到楼板绘制界面。在这个界面中，使用编辑工具对楼板边界进行拉伸、偏移、添加或删除线段等操作，以满足设计变更的需求。编辑完成后，再次点击"完成编辑模式"按钮，楼板的形状和属性就会更新。

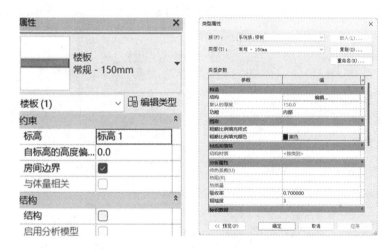

图 2.2.3-2　楼板设置

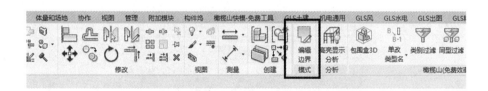

图 2.2.3-3　编辑边界

2.2.4　实训科创楼项目建筑墙的创建

由建筑图可知，建筑墙为加气混凝土砌块墙，除特殊注明外，轴线居墙中，墙厚200mm。由于图纸内容较多，本小节选取⑦～⑬轴交Ⓧ～Ⓦ轴线区域内的建筑墙为例。

双击Revit 2018图标打开软件，打开在2.1.2.3小节中创建的轴网项目，在"项目浏览器"中"楼层平面"里双击"1F"进入1层楼层平面。在功能区选择"墙"-"建筑墙"进入绘图区域（图2.2.4-1）。

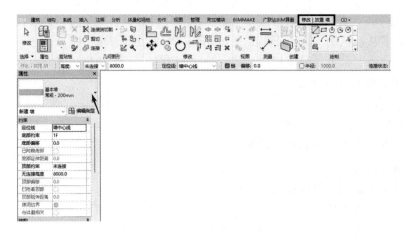

图 2.2.4-1 墙体编辑

在属性中选择"基本墙-常规 200",点击"编辑类型",点击"编辑",在"结构［1］"中按类别选择材质,搜索"混凝土砌块",选择并确定,如图 2.2.4-2 所示。

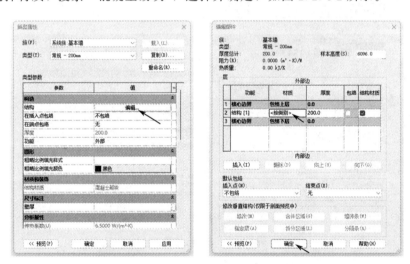

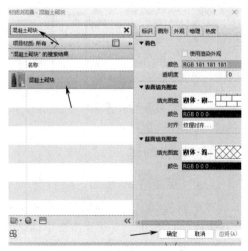

图 2.2.4-2 墙体材质编辑

在属性栏的"约束"中做如图 2.2.4-3 所示设置，然后以⑦轴交Ⓧ轴为起点，绘制墙体。建筑墙效果如图 2.2.4-4 所示。

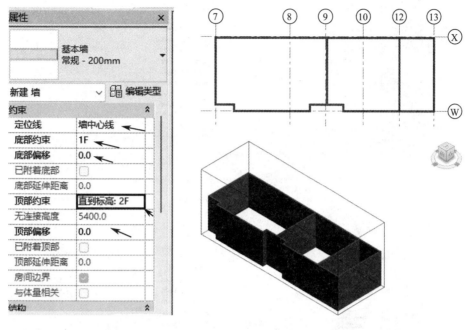

图 2.2.4-3　墙体标高设置　　　　　　　图 2.2.4-4　建筑墙效果

2.3　门、窗、幕墙的创建与编辑

2.3.1　门窗的创建与编辑

2.3.1.1　载入并放置门窗

（1）载入门窗

在"插入"选项面板里（图 2.3.1-1），单击"载入族"命令，弹出对话框，选择"建筑"文件夹（图 2.3.1-2）→"门"或"窗"文件夹（图 2.3.1-3）→选择某一类型的窗载入项目中（图 2.3.1-4）。

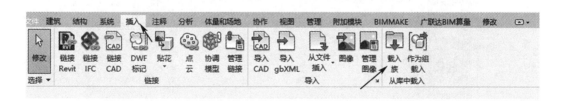

图 2.3.1-1　"插入"栏选项卡

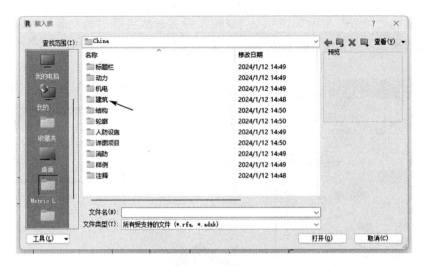

图 2.3.1-2　族文件夹

图 2.3.1-3　建筑族文件夹

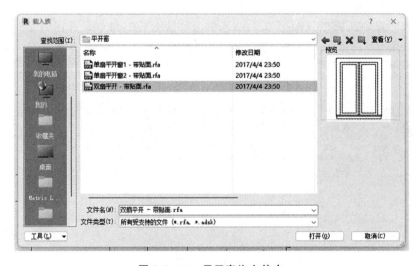

图 2.3.1-4　平开窗族文件夹

（2）门窗插入

在 Revit 2018 的建筑设计流程中，插入门窗并调整其属性是构建完整建筑模型的重要环节。在建筑选项栏中选择"门"或"窗"构件（图 2.3.1-5），此时将弹出属性表。在属性表中，可以选择软件预设的门或窗类型。

门窗的属性调整主要通过类型属性中的参数进行。例如，在类型属性对话框中（图 2.3.1-6），"宽度"和"高度"参数决定了门窗的尺寸大小，根据实际设计要求修改这些参数，即可定制出不同规格的门窗。

需要特别注意的是，门窗不能直接布置在模型空间中，必须将其布置到建筑墙上才能正确显示和使用。

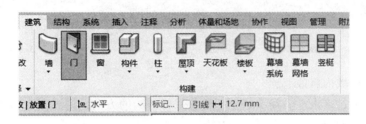

图 2.3.1-5　门窗的插入

图 2.3.1-6　门、窗类型属性

2.3.1.2　门窗的编辑

修改门窗的步骤如下。

（1）通过"属性"选项板修改门窗

选择门窗，在"类型选择器"中修改门窗类型；在"实例属性"中修改"限制条件""顶高度"等值（图 2.3.1-7）；在"类型属性"中修改"构造""材质和装饰""尺寸标注"等值（图 2.3.1-8）。

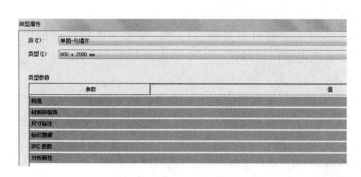

限制条件		⊗
标高	F1	
底高度	0.0	
构造		⊗
框架类型		
材质和装饰		⊗
框架材质		
完成		
标识数据		⊗
注释		
标记	1	
阶段化		⊗
创建的阶段	新构造	
拆除的阶段	无	
其他		⊗
顶高度	2100.0	
防火等级		

图 2.3.1-7　类型属性　　　　　　　　　　　图 2.3.1-8　限制条件

（2）在绘图区域内修改

选择门窗，通过点击左右箭头、上下箭头以修改门的方向，通过点击临时尺寸标注并输入新值，以修改门的定位，见图 2.3.1-9。

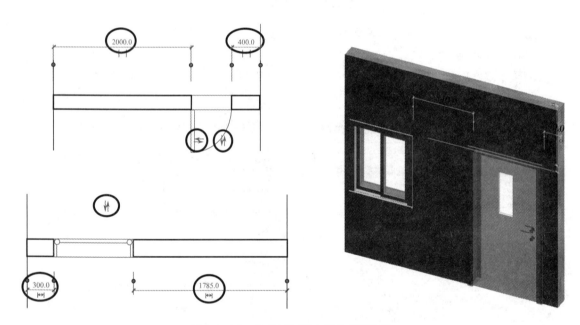

图 2.3.1-9　在绘图区域内修改门的定位

（3）将门窗移到另一面墙内

选择门窗，单击"修改｜门"选项卡下"主体"面板中的"拾取新主体"命令，根据状态栏提示，将光标移到另一面墙上，单击以放置门。

（4）门窗标记

在放置门窗时，点击"修改｜放置门"选项卡下"标记"面板中的"在放置时进行标记"命令，可以指定在放置门窗时自动标记门窗。也可以在放置门窗后，点击"注释"选项卡下"标记"面板中的"按类别标记"对门窗逐个标记，或点击"全部标记"对门窗一次性全部标记。

2.3.1.3 实训科创楼项目门的创建

门窗的识读如图 2.3.1-10 所示，由于图纸内容较多，本小节选取⑦～⑬轴交Ⓧ～Ⓦ轴线区域内"FM乙1524"和"C3440"为例，如图 2.3.1-11 所示。该防火门门宽 1500mm、高 2400mm。窗为普通窗，窗宽 3400mm，高 4000mm。

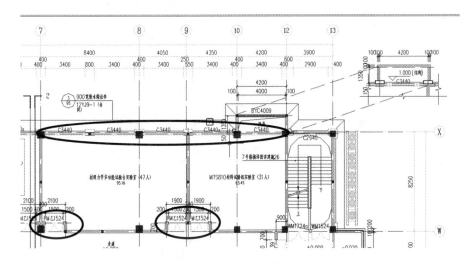

图 2.3.1-10　门窗的识读

乙级防火门	FMZ1124	1100×2400	1			
	FMZ1224	1200×2400	2	1	1	2
	FMZ1524	1500×2400	13	6	6	3
	FM甲1224	1200×2400	3			

C7140ax	7111×4000	1
C7240ax	7150×4000	1
C3040	3000×4000	1
C3440x	3400×4000	8

图 2.3.1-11　门窗数据

在建筑选项卡中选择"门"，点击"编辑类型"，载入双扇防火门，复制该类型并将名称更改为符合实训楼要求的"FM乙1524"。根据门窗数据中的尺寸信息，在类型属性中精确更改"宽度""高度"等尺寸标注参数，如图 2.3.1-12 所示。

设置完成后，将调整好属性的门放置在对应的建筑墙上即可（图 2.3.1-13）。

"FM乙1524"三维效果如图 2.3.1-14 所示。

窗的创建过程与门基本一致，但在放置前或放置后，需要根据立面图纸（图 2.3.1-15）中测量得到的标高信息，设置或更改窗的底标高（图 2.3.1-16）。通过这些步骤，能够准确地在实训楼模型中创建出门窗构件，使其符合设计规范和实际使用需求。

图 2.3.1-12 "FM 乙 1524"的创立

图 2.3.1-13 "FM 乙 1524"的放置

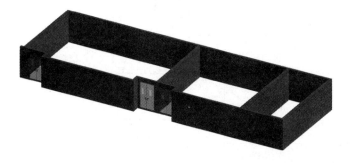

图 2.3.1-14 "FM 乙 1524"三维效果

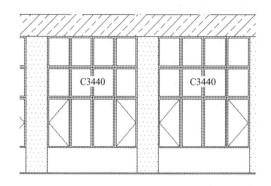

图 2.3.1-15 窗标高的确定

图 2.3.1-16 窗底标高的更改

2.3.2 幕墙的创建与分割

2.3.2.1 幕墙的创建

在 Revit 2018 软件中创建幕墙，需在建筑选项栏中选择"墙"的下拉菜单，在众多墙类型中选择"幕墙"（图 2.3.2-1）。选择完成后，在绘图区域绘制幕墙，绘制完成后，幕墙会以一整块玻璃的形式呈现（图 2.3.2-2）。

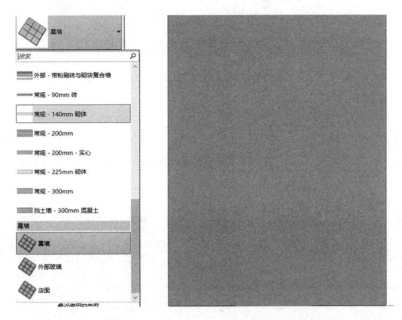

图 2.3.2-1　幕墙选择　　　　　图 2.3.2-2　幕墙创立形式

2.3.2.2 幕墙的分割

创建好幕墙后，通常需要对其进行分割以满足设计的美观和功能需求。在建筑选项栏中选择"幕墙网格"选项，如图 2.3.2-3 所示。

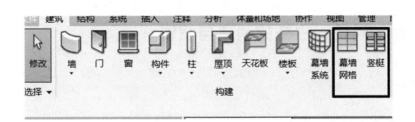

图 2.3.2-3　幕墙网格的选择

然后在合适的立面图或三维视图中，根据设计方案设置合适的幕墙网格（图 2.3.2-4）。完成幕墙网格的创建后，可在建筑选项栏中选择"竖梃"选项。需要注意的是，竖梃只能建立在已创建的幕墙网格之上。在竖梃属性中选择"编辑类型"，可以对竖梃的规格进行调整，如更改竖梃的截面尺寸、材质等，从而使幕墙的外观和结构更加符合设计要求，如图 2.3.2-5 所示。

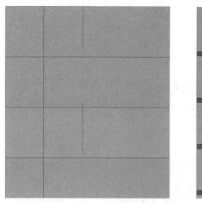 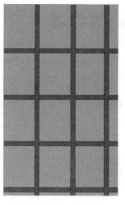

图 2.3.2-4　幕墙网格的创建　　图 2.3.2-5　竖梃的创建

2.3.2.3　实训科创楼项目幕墙

该实训科创楼项目整体外立面都采用幕墙形式，工艺复杂，如图 2.3.2-6 所示。本书会附带图纸和项目模型，此处表达附件就是本书附带的材料，具体文件可扫本书附录中的二维码获取。

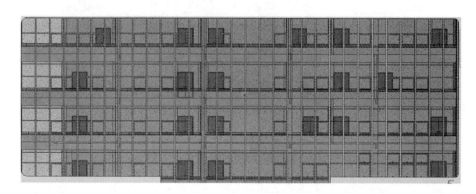

图 2.3.2-6　实训科创楼幕墙

2.4　楼梯、洞口、栏杆的创建与编辑

2.4.1　楼梯

2.4.1.1　楼梯的生成与样式选择

在 Revit 中生成楼梯并选择合适的样式，是构建建筑竖向交通系统的关键步骤。在"建筑"选项卡中选择"楼梯"选项，此时将进入楼梯绘制界面。在界面的属性栏中，通过下拉菜单选择"组合楼梯"。

在楼梯绘制界面的属性栏中（图 2.4.1-1），有多个重要参数需要设置。

①　定位线、偏移：同上文，定位楼梯。

②　实际梯段宽度：指每跑楼梯的横向宽度，如图 2.4.1-2 所示。

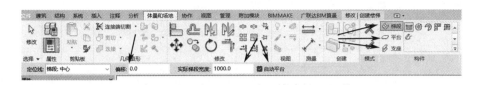

图 2.4.1-1 楼梯绘制界面

③ 梯段：楼梯主体的创建。

④ 平台：两跑楼梯间的平台设置。

⑤ 自动平台：勾选后当创建两跑连续的楼梯时，自动生成合适的楼梯平台。

⑥ 支座：是指楼梯与周围结构构件（如楼板、梁等）连接并获得支撑的部位。

在属性栏中，还需要设置楼梯的底部标高、顶部标高以及踢面数（图 2.4.1-3）。踢面数的设置需要准确，踢面高度可通过整体高度除以踢面数得到。若在设置楼梯参数时出现报错情况，则需要检查并更改编辑类型中的最大踢面高度、最小踢板深度以及最小梯段宽度等参数，如图 2.4.1-4 所示。楼梯平台的类型需要在类型属性中的"平台类型"选项中进行设置。

图 2.4.1-2 实际梯段宽度

图 2.4.1-3 楼梯属性栏

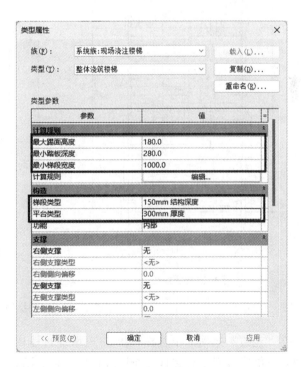

图 2.4.1-4 楼梯类型属性

设置好楼梯属性后，只需按图纸进行布置即可，如图 2.4.1-5 所示。

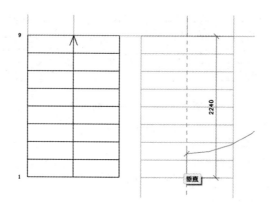

图 2.4.1-5　楼梯创建

2.4.1.2　实训科创楼项目楼梯创建

以实训楼中二楼一号楼梯为例（图 2.4.1-6）。

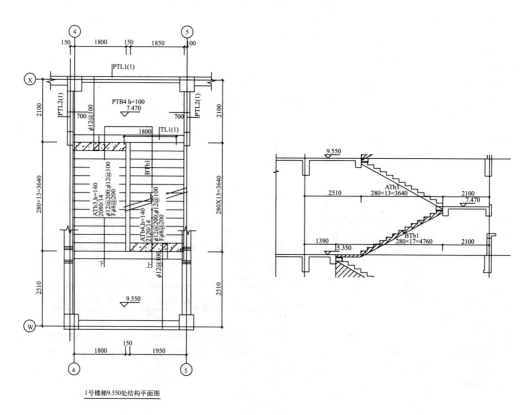

1号楼梯9.550处结构平面图

图 2.4.1-6　楼梯图纸

在"建筑"选项卡中选择"楼梯-现场浇筑楼梯"，进入编辑类型，复制一个楼梯类型，并根据图纸内容对平台和梯段厚度进行更改，如图 2.4.1-7 所示。

完成类型编辑后，在右侧的属性中准确设置底部标高、顶部标高以及所需的梯面数和踏板深度（图 2.4.1-8）。设置完成后，将选项卡下方的实际梯段宽度调整为设计要求的数值，如 1925，然后进行楼梯的放置。在放置楼梯时，要确保梯面全部使用，否则楼梯将无法到达指定高度，影响模型的准确性（图 2.4.1-9）。通过这些步骤，能够创建出符合实训楼设计要求的楼梯模型（图 2.4.1-10）。

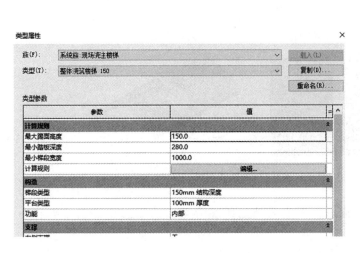

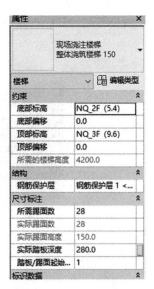

图 2.4.1-7　楼梯的类型属性

图 2.4.1-8　楼梯属性设置

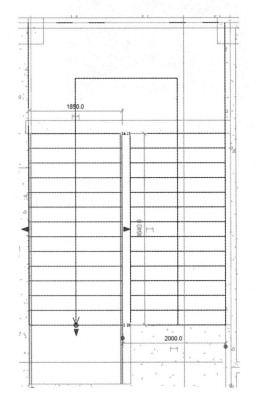

图 2.4.1-9　楼梯的放置

图 2.4.1-10　楼梯模型的成果

2.4.2 洞口的创建与编辑方法

（1）墙的洞口创建及编辑

在"建筑"选项卡中选择"洞口"下的"墙洞口"选项。切换到三维视图或立面图，选中要编辑的墙，在墙上按住鼠标左键拖动，确定洞口的大小和位置，松开鼠标后即可形成洞口，如图2.4.2-1所示。

图 2.4.2-1 墙洞口的创建

或者直接进入三维或者立面，双击进入墙的编辑界面，绘制想要的洞口形状，点击"√"，形成洞口，如图2.4.2-2所示。

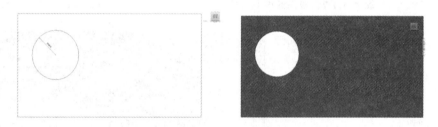

图 2.4.2-2 墙洞的直接编辑

（2）板的洞口创建及编辑

板的洞口创建同样有两种方式，板洞口可以在建筑选项卡下的洞口中选择垂直选项，在需要洞口的板中编辑，也可双击需要编辑的板，绘制需要的洞口形状，点击"√"，创建完成，如图2.4.2-3所示。

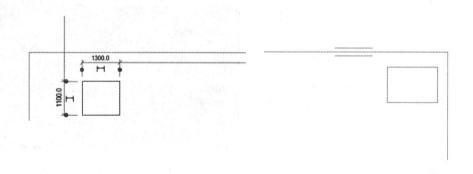

图 2.4.2-3 板的洞口编辑

（3）竖井的使用

也可在"建筑"选项卡中选择"竖井"选项（图 2.4.2-4）绘制想要的形状，点击"√"后，可以在左侧属性卡中编辑竖井洞口的约束，创建完成后可以将竖井所在范围内的所有板做出洞口。

竖井应用于楼梯如图 2.4.2-5 所示。

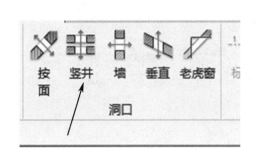

图 2.4.2-4　竖井的选择

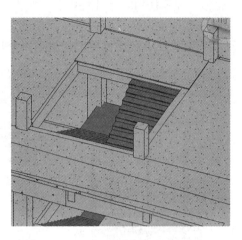

图 2.4.2-5　竖井应用于楼梯

2.4.3　栏杆的添加与样式定制

在"建筑"选项卡中下拉"栏杆扶手"选项。选择绘制路径直接绘制即可，在编辑楼梯栏杆时选择楼梯栏杆，点击楼梯自动生成楼梯栏杆，生成后删除多余的扶手栏杆即可（图 2.4.3-1）。

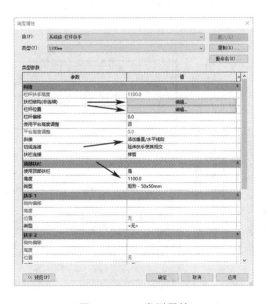

图 2.4.3-1　类型属性

如果需要定制特定栏杆，则应在编制类型里改变栏杆的样式。

点击"编辑类型"进入类型属性，在扶栏结构中编辑栏杆横向轮廓，在栏杆位置处编辑竖向轮廓。

① 在栏杆结构中插入或删除可改变横向轮廓的组成及样式，如图 2.4.3-2 所示。

② 在栏杆位置中可以编辑竖向支柱的主样式的密度及样式，如图 2.4.3-3 所示的圆形和方形轮廓，按需使用。支柱可以改变起点、转角及重点支柱的样式。

③ 斜接和切线连接，顾名思义就是改变非垂直连接和切线连接时的连接方式。

④ 在顶部栏杆中可设置顶部扶栏是否使用、顶部栏杆高度及类型样式（图 2.4.3-3）。

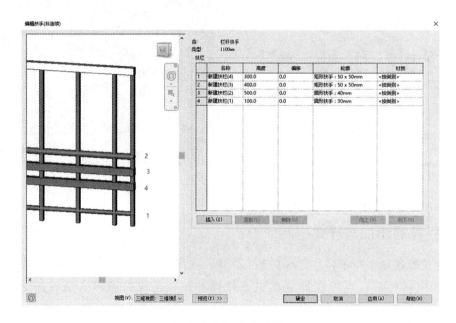

图 2.4.3-2　栏杆结构

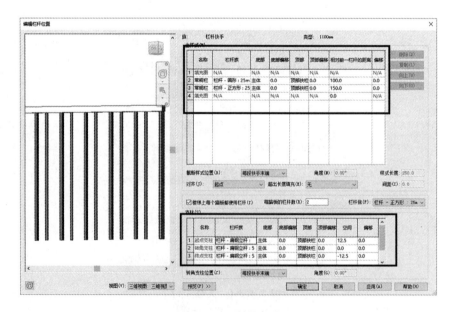

图 2.4.3-3　栏杆位置

设置完成后，楼梯栏杆会自动生成对应样式，如图 2.4.3-4 所示。

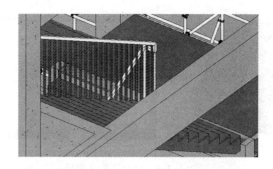

图 2.4.3-4　自动生成的楼梯栏杆

2.5　台阶、散水、坡道的创建与编辑

2.5.1　台阶的绘制

① 可在建筑楼梯中设置相应的参数创建台阶。

② 在"建筑"选项卡中下拉选项构件，内建模型，选择常规模型，重命名为台阶，在右上角使用拉伸放样等命令绘制出楼梯基本轮廓，点击"√"，再点击完成模型，软件自动生成台阶。

2.5.2　散水的生成与边界调整

在"建筑"选项卡中同样下拉选项构件，内建模型，选择常规模型，重命名为散水，在创建中选择放样工具（图 2.5.2-1），之后选择"绘制路径"（图 2.5.2-2），此时绘制一条模型线，之后创建的模型大样"面"会以这条线生成三维模型。在"绘制路径"中绘制出一根连续不间断的线后点击"√"，选择"编辑轮廓"（图 2.5.2-3），选择一个立面，进入面的编辑。按照图纸所给的模型，将散水大样画出。之后点击"√"，再次点击"√"，即可自动沿路径生成散水，点击"完成模型"回到项目中，如图 2.5.2-4 所示。

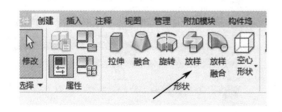

图 2.5.2-1　放样的选择

图 2.5.2-2　绘制路径的选择

图 2.5.2-3　编辑轮廓的选择

注意：编辑轮廓中绘出的图形必须连续且封闭，形成一个面，否则无法生成模型。

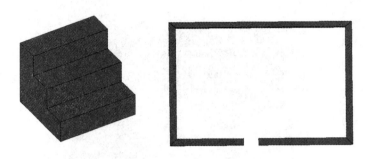

图 2.5.2-4　台阶及散水模型

2.5.3　坡道的创建与坡度设置

在 Revit 中创建坡道并设置其坡度，能满足建筑中不同区域的交通需求。在"建筑"选项卡中选择"坡道"选项，进入坡道绘制界面。在"梯段"中绘制坡道路径，确定坡道的位置和形状。绘制路径时，可使用直线工具绘制直坡道，或结合弧线工具绘制曲线坡道。绘制完成后，在左侧属性表中设置坡道的底部及顶部约束，底部约束指定坡道的起始标高，顶部约束指定终点标高，通过调整这两个标高值，可控制坡道的高度和位置。

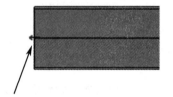

图 2.5.3-1　坡道绘制

点击坡道上的小箭头，可使坡道改变方向，以适应不同的场地布局。例如，原本从低到高的坡道，点击小箭头后可变为从高到低，如图 2.5.3-1 所示。

如图 2.5.3-2 所示，若要设置坡度，可通过调整底部及顶部约束的差值来实现。例如，底部标高为 0，顶部标高为 3000mm，坡道路径长度为 15000mm，那么坡度就是 3000÷15000 = 1∶5。若遇到坡度无法改变的情况，可能是因为设置的坡度超出了软件默认的最大坡度限制。此时，需要在类型属性中检查并修改"最大坡度"及"最大长度"参数。在类型属性对话框中，找到"尺寸标注"部分，修改"坡道最大坡度（1/x）"和"最大斜坡长度"的值，确保坡度符合设计和规范要求。还可在类型属性中对坡道的其他参数进行设置，如造型、结构板厚度、功能、材质等，使坡道更符合项目需求。

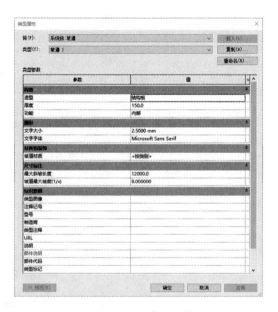

图 2.5.3-2　类型属性

2.6 屋顶的创建与编辑

2.6.1 屋顶的生成方式

在 Revit 中创建屋顶有多种方式，常用的有迹线屋顶和拉伸屋顶，它们适用于不同的建筑风格和设计需求。

迹线屋顶的创建基于绘制封闭的轮廓线来定义屋顶的形状和坡度。在"建筑"选项卡中下拉"屋顶"选项，选择"迹线屋顶"。进入绘制界面后，使用直线、弧线等工具绘制封闭的屋顶形状，这个形状代表屋顶在平面上的投影轮廓。绘制完成后，点击任意模型线，会弹出草图属性对话框，其中小三角表示坡度属性。点击小三角可打开或关闭坡度定义，若打开坡度定义，可在属性中设置"坡度"值，如设置为 30.00°，表示屋顶的坡度为 30.00°。还可设置"与屋顶基准的偏移"等参数，调整屋顶的高度。定义完成后点击"√"，即可绘制出迹线屋顶，如图 2.6.1-1 所示。

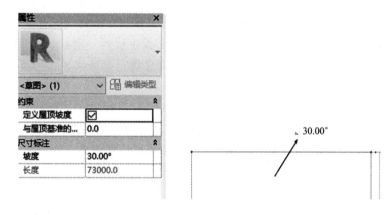

图 2.6.1-1　迹线屋顶的编辑

拉伸屋顶是通过拉伸一个二维图形来创建屋顶。同样在"建筑"选项卡的"屋顶"下拉菜单中选择"拉伸屋顶"，进入编辑类型对话框，在"构造"部分更改其结构厚度，如将厚度设置为 200mm。之后在立面中选择参照面，参照面用于确定拉伸的方向和位置。绘制大致的屋顶样式，可使用矩形、梯形等图形表示。绘制完成后，设置拉伸起点及拉伸终点，起点和终点的中心为选择的参照面。例如，拉伸起点为 0，拉伸终点为 3000，表示从参照面开始向上拉伸 3000mm。设置完成后点击"√"即可生成拉伸屋顶，如图 2.6.1-2 所示。拉伸屋顶与族中的拉伸操作原理相似，可对比学习，加深理解。

图 2.6.1-2　拉伸屋顶的创立

2.6.2　屋顶的编辑与修改技巧

屋顶生成后，若要对其进行编辑修改，可选中屋顶，此时屋顶会显示蓝色控制点和相关编辑工具。通过拖动控制点，可以拉伸、移动屋顶的边缘，改变屋顶的形状和大小。例如，拉伸屋顶的边缘线，可扩大或缩小屋顶的覆盖面积；移动控制点，可调整屋顶在平面上的位置。

对于迹线屋顶，还可重新编辑屋顶的坡度和轮廓。再次点击进入迹线屋顶的绘制界面，修改模型线的形状，可改变屋顶的轮廓；通过调整草图属性中的坡度参数，可更改屋顶的坡度。对于拉伸屋顶，可修改拉伸起点、终点和结构厚度等参数。在属性面板中，找到"拉伸起点""拉伸终点"和"结构厚度"等参数，输入新的值，即可更新屋顶的高度和厚度。此外，利用"修改"选项卡中的相关工具，如"拆分""合并"等，可对屋顶进行更复杂的编辑操作，如将一个大屋顶拆分成多个小屋顶，或合并相邻的屋顶部分。

2.6.3　屋顶与墙体的连接处理

在 Revit 软件中，当完成屋顶建模后，若发现屋顶与墙体连接处存在不贴合的情况，可按以下步骤进行操作：首先，点击选择屋顶下方需要调整的墙体构件，此时软件会自动激活"修改 | 墙"上下文选项卡；接着，在"修改墙"面板中找到"附着顶部/底部"工具并点击，随后移动鼠标选择需要附着的屋顶实体，软件将自动完成墙体顶部与屋顶的附着连接，使两者紧密贴合，如图 2.6.3-1 所示。

若后续需要断开墙体与屋顶的连接关系，同样先选择目标墙体，在"修改 | 墙"选项卡的"修改墙"面板中，点击"分离顶部/底部"工具，即可解除墙体与屋顶之间的附着关系，恢复独立的构件状态。通过上述操作，可便捷地实现墙体与屋顶连接状态的调整，满足建筑模型的精确建模需求。

图 2.6.3-1　墙附着屋顶

小结

本章围绕 Revit 建筑建模，介绍标高轴网创建逻辑（标高需在立/剖面定义，轴网平面绘制后全项目同步），柱墙楼板参数化设置（柱属性影响协同、墙定位线与分层配置、楼板自定义厚度材质），门窗幕墙族库应用（载入修改族参数，幕墙先网格后竖梃），楼梯洞口创建（参数联动，竖井工具生成垂直洞口）及场地建模（地形表面放置点，支持材质与地形编辑）。贯穿"参数化驱动"理念，通过实训楼案例演示建模流程，体现 Revit 可视化与精细化的优势。

练习与拓展

1. 某建筑共 50 层，其中首层地面标高为±0.000，首层层高 6.0m，第 2～4 层层高 4.8m，第 5 层及以上层高均为 4.2m。请按要求建立项目标高，并建立每个标高的楼层平面视图，并且按照以下平面图中的轴网要求绘制项目轴网。

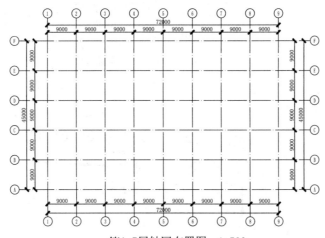

第1~5层轴网布置图　1:500

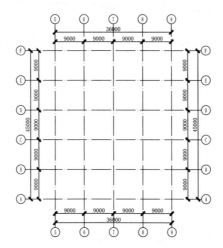

6层及以上轴网布置图　1:500

2. 完成以下样例图纸③-①-③-⑨和③-Ⓐ-③-Ⓓ轴网的建筑建模。

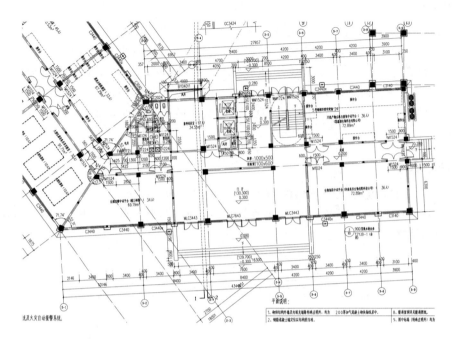

成果演示如下图所示。

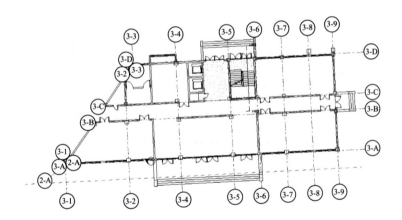

3. 绘制六层建筑

① 设置项目信息。

a. 项目发布日期：2014 年 6 月 18 日。

b. 客户名称：街心花园小区。

c. 项目地址：中国××省××市××路××号。

d. 项目名称：N2 栋。

e. 项目编号：2014××-1。

② 基本建模。

a. 创建墙体模型，墙体定位及厚度见平面图，墙体均沿轴线对称。

b. 创建楼板及屋顶模型，其中楼板厚度 150mm，平屋顶厚度 350mm。

c. 创建楼梯模型，楼梯扶手和梯井尺寸取适当值即可。

d. 标注房间名称。

③ 放置门窗及家具。

a. 放置门窗，门窗尺寸见下表，其中外墙门窗布置位置需精确，内部门窗对位置不做精确要求。

门窗表

| 类别 | 名称 | 洞口尺寸 | | 樘　　数 | | 合计 |
		宽	高	1层	2～6层	
窗	C1	1500	1200		5×2＝10	10
	C2	1800	1500	4	5×4＝20	24
	C3	900	1200	6	5×6＝30	36
	C4	2700	1500	2	5×2＝10	12
	C5	2100	1500	2	5×2＝10	12
	C6	1200	1500	4	5×4＝20	24
门	M-A	2360	2100	2		2
	M1	1000	2100	4	5×4＝20	24
	M2	900	2100	12	5×12＝60	72
	M3	800	2100	12	5×12＝60	72
	M4	2100	2100	4	5×4＝20	24
	M5	2400	2100	2	5×2＝10	12
	M6	2700	2100	2	5×2＝10	12

b. 放置家具。根据以下所给的平面图，对轴线①、②和轴线㉒、㉓间的卫生间进行蹲便器及洗手盆布置，布置位置参考图中取适当位置即可。

注：门窗及家具构件使用模板文件中给出的构件集即可，不要载入和应用新的构件集。

④ 按照上表创建门窗明细表。

⑤ 建立图纸。

建立 A0 尺寸图纸，根据给定的平立剖面图，将模型的平面图、立面图、剖面图及门窗明细表分别插入图纸中，并根据图纸内容将图纸命名，图纸编号任意，可布置多张图纸。

⑥ 设置相机，对生成的三维视图命名。

在一楼轴线①、②之间的卫生间内设置相机，使相机照向蹲便器和洗手盘，调整生成的三维视图，使蹲便器和洗手盘可见，将该三维视图命名为"相机-卫生间"；在一楼轴线②、④之间的客厅处设置相机，使相机照向餐厅方向，调整生成的三维视图，使厨房、卫生间门可见，将生成的三维视图命名为"相机-餐厅"。

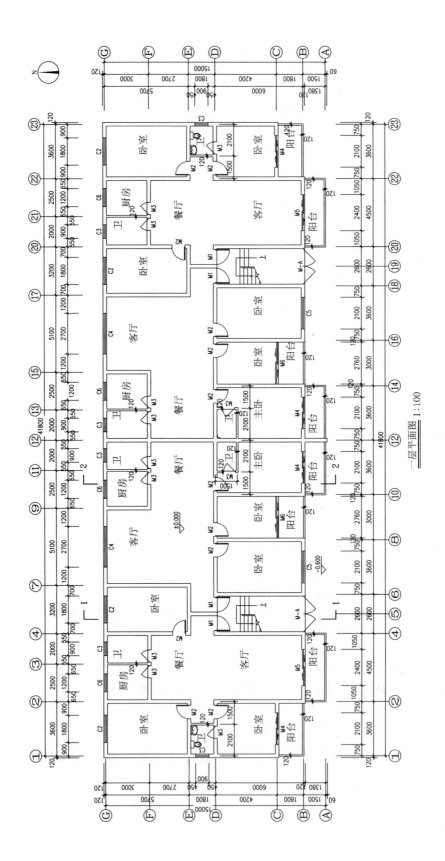

一层平面图 1:100

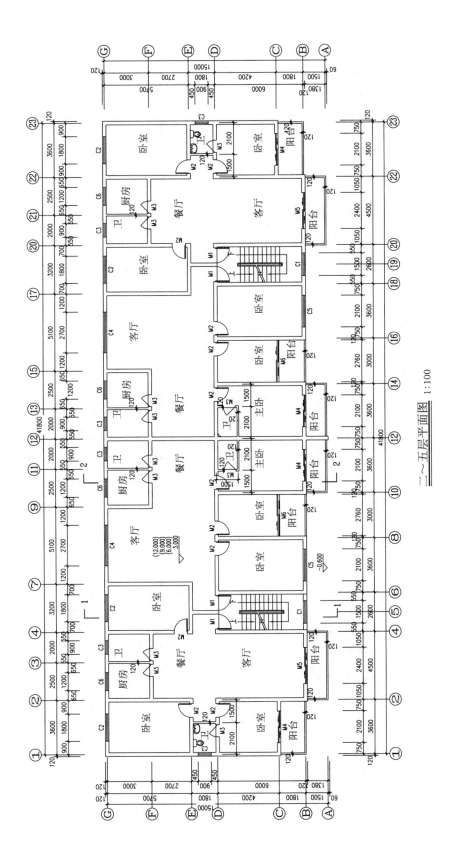

二～五层平面图 1:100

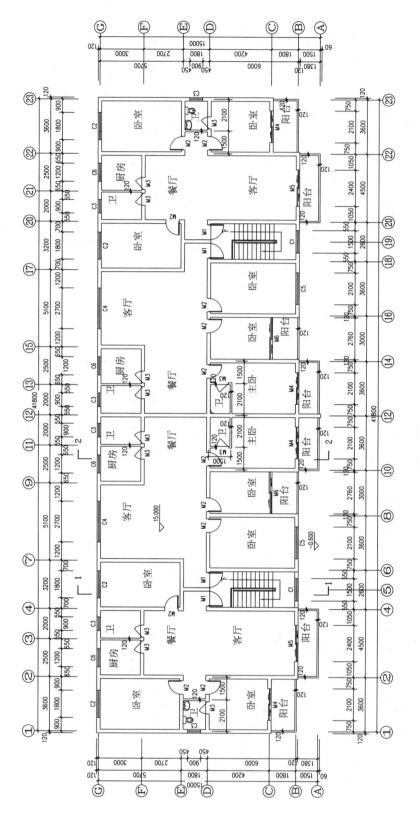

六层平面图　1:100

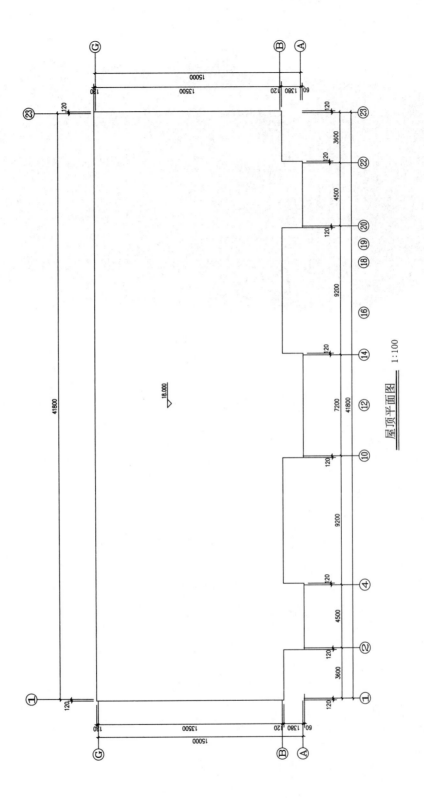

屋顶平面图 1:100

生成的三维视图

第3章

结构模型创建

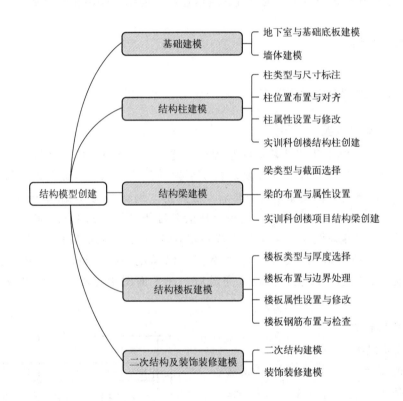

学习目标

了解　　1. 掌握结构模块核心功能

　　　　2. 了解族的基础概念

　　　　3. 理解参数化设计逻辑

熟悉　　1. 能够完成小型项目

　　　　2. 族编辑入门

应用　　可独立完成样例项目的建模

扫码观看视频/听语音讲解

第3章 结构模型创建

建筑结构模型是建筑安全与功能实现的数字基石，本章聚焦 Revit 平台下结构模型的核心创建方法，面向零基础学习者系统讲解从基础到整体的建模逻辑与实操技术。

作为建筑信息模型（BIM）的关键环节，结构建模需兼顾安全性、精确性与协同性。本章从基础建模开篇，详解独立基础参数设置、基坑族的自定义创建及基础底板绘制，夯实地下结构建模基础；继而深入结构构件建模，涵盖柱梁类型选择、尺寸标注、位置布置及属性调整，通过参数化设计实现构件的精准定位与灵活修改；楼板建模部分则着重于厚度设置、钢筋布置及边界处理，结合工程规范确保荷载传递的合理性。此外，还融入二次结构与场地布置内容，介绍马牙槎、墙体排砖等构造细节，以及地形表面、道路、场地部件的建模技巧，全面覆盖结构模型的全流程构建。

通过工作集协作机制与碰撞检查工具，培养学习者的全局工程思维与多专业协同能力。无论基础建模、构件布置还是复杂场地设计，本章力求以简明的逻辑与实操案例，帮助学习者掌握 Revit 结构建模核心技术，为后续建筑信息模型的综合应用筑牢根基。

3.1 基础建模

3.1.1 地下室与基础底板建模

3.1.1.1 独立基础的设置

在结构设计中，独立基础是常见的基础形式之一。在 Revit 的"结构"选项卡中选择"基础"中的"独立基础"。此时，需要对独立基础的类型、标高、数据以及材质等进行设置。若软件预设的独立基础类型不符合要求，可点击"编辑类型"，在弹出的对话框中选择"载入"，进入"结构-基础"文件夹，选择合适的基础族文件，如不同形状、尺寸的独立基础族。载入后，在"编辑类型"对话框中调整基础的标高，确保基础在竖向位置上与建筑主体准确连接；修改基础的长、宽、高等数据，以满足结构承载需求；还可选择基础的材质，如混凝土、钢筋混凝土等。设置完成后，在平面图中点击相应位置即可放置独立基础。

3.1.1.2 基坑的设置

（1）基坑的识读

基坑是地下室施工中重要的组成部分，在绘制基坑前，需要仔细识读图纸。基坑在图纸中的表现一般为平面图（图3.1.1-1）和剖面图（图 3.1.1-2）。在平面图中，可获取基坑的长和宽等尺寸信息；在剖面图中，能了解基坑的形状，包括坑壁的坡度、基坑的深度等。同时，要分清筏板与基础，筏板是一种大面积的基础形式，而基坑是在地面下开挖的空间，用于放置基础和地下室结构。

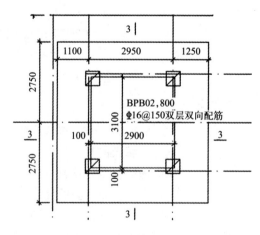

图 3.1.1-1　平面图

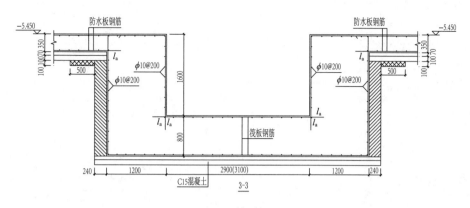

图 3.1.1-2　剖面图

（2）基坑的创建

创建基坑时，在左上角"文件"菜单中选择"新建-族"，选择"公制常规模型"（图 3.1.1-3），打开一个新的界面。在族文件中，利用拉伸、融合、放样等命令创建集水坑。以拉伸为例，先绘制一个代表集水坑底部的二维图形，如矩形，然后在左侧属性栏的约束位置更改拉伸起点和终点，拉伸起点表示集水坑从当前标高向下的延伸距离，终点表示集水坑的深度，设置好后点击"√"，即可生成集水坑的基本形状。若使用放样命令，需先绘制路径，再在路径的侧面绘制面，软件会沿路径将面延展形成集水坑。创建完成后，保存命名为集水坑，点击"载入到项目中"，选择项目文件，即可在项目中将集水坑放置到合适的位置。建立好的族文件可在"结构"选项卡的"构件-放置构件"中重新选择使用。

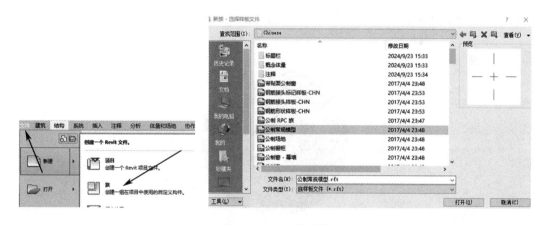

图 3.1.1-3　族的创建

① 拉伸：创建一个面，在左侧属性栏的约束位置更改拉伸起点和终点，即可生成模型，如图 3.1.1-4 所示。

② 融合：如图 3.1.1-5 所示，分别创建顶部和底部两个面，并在属性面板中更改两个面的高度位置自动生成模型。同时也可进入编辑顶点模式，手动改变模型顶层和底层的连接情况。融合模型示例如图 3.1.1-6 所示。

③ 旋转：是将一个面通过轴线旋转形成的模型。先将面绘制完成之后，在合理的位置绘制单一轴线，如图 3.1.1-7 所示，在属性面板中设置起始角度与结束角度，面会沿轴线生

成模型（图 3.1.1-8）。

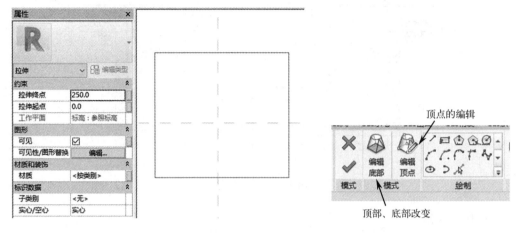

图 3.1.1-4　拉伸的创建　　　　　　　　图 3.1.1-5　绘制模式页面

图 3.1.1-6　融合模型示例

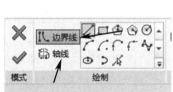

图 3.1.1-7　面与轴线的选择与表示

图 3.1.1-8　旋转生成模型示例

④放样：点击放样选项，弹出如图 3.1.1-9 所示的选项板，首先绘制路径（图 3.1.1-10），之后在路径的侧面绘制轮廓（图 3.1.1-11），软件会以路径为基准将面延展，形成模型，如图 3.1.1-12 所示。

⑤放样融合：即将融合模型按照路径生成。

⑥空心拉伸：生成拉伸、融合、旋转、放样、放样融合的空心形状。作用是将实体模型剖出空心，如图 3.1.1-8 所示，也可利用拉伸和空心拉伸绘出相同的效果。

将集水坑建立完成后保存并命名为集水坑，点击载入到项目中（图 3.1.1-13），选择项目文件，即可在项目中放置集水坑。建立好的族文件可在结构选项卡的构件-放置构件中重新选择（图 3.1.1-14）。

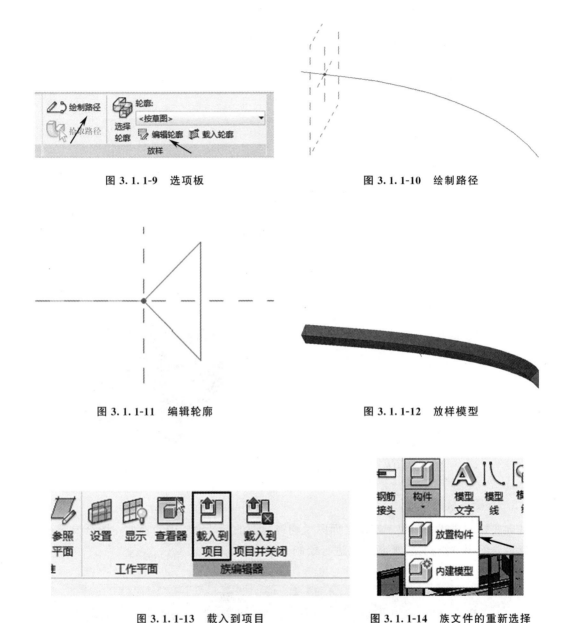

图 3.1.1-9　选项板

图 3.1.1-10　绘制路径

图 3.1.1-11　编辑轮廓

图 3.1.1-12　放样模型

图 3.1.1-13　载入到项目

图 3.1.1-14　族文件的重新选择

在文件中选择新建族文件，选择公制常规模型。进入后利用拉伸创建长宽为 2900、高为 800 的底，利用绘制创立一个边长为 2900 的正方形轮廓，并将拉伸终点设为 800，如图 3.1.1-15 所示。设置完成后点击"√"即创建完成。

创建完成后，利用放样选项，选择绘制路径绕底一周。点击"√"，路径绘制完成，之后点击编辑轮廓。选择右立面作为编辑截面图，如图 3.1.1-16 所示。

编辑完成后点击"√"，再次点击即可创建完成。基坑成品如图 3.1.1-17 所示。

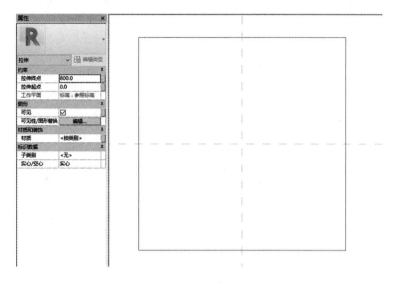

图 3.1.1-15 基坑底的创建

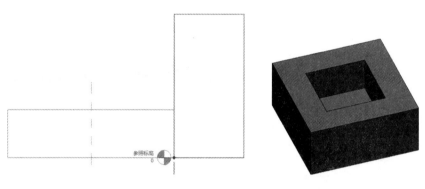

图 3.1.1-16 放样编辑轮廓   **图 3.1.1-17 基坑成品**

3.1.1.3 基础底板的建模

基础底板的描述一般位于基础平面图说明或总图的设计说明中。例如，图纸要求筏板基础，就需要使用"结构-基础-板"来进行绘制（图 3.1.1-18）。

图 3.1.1-18 基础底板的选择

基础底板的绘制和楼板类似，这里也会出现类似楼板的楼板边的绘制选项。选择时，下拉菜单选择"结构基础：楼板"，之后编辑类型，如图 3.1.1-19 所示。

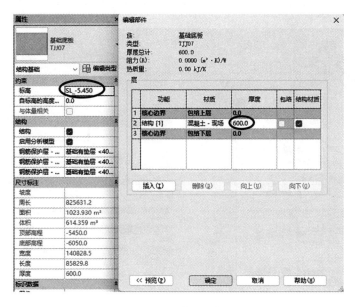

图 3.1.1-19　基础底板设置

设置完筏板厚度和材质之后再进行标高的约束，最后开始轮廓的绘制，这里以实训科创楼的基础底板为例，如图 3.1.1-20 所示。

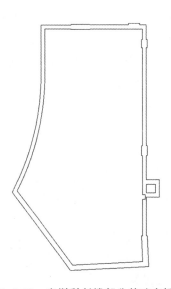

图 3.1.1-20　实训科创楼部分基础底板轮廓

编辑完成后点击"√"，再次点击即可创建完成。

3.1.2　墙体建模

3.1.2.1　墙体创建

在 Revit 中进行结构墙体建模时，在"结构"选项卡中下拉"墙"选项，选择"墙：结构"（图 3.1.2-1），从而进入结构墙的编辑和绘制界面。进入该界面后，可在属性面板中选择合适的墙体类型，若没有所需类型，也可手动编辑墙体类型（图 3.1.2-2）。

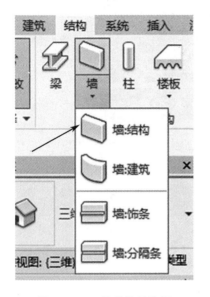

图 3.1.2-1　结构墙的选择　　　　　　　　　图 3.1.2-2　类型属性

在编辑墙体类型时，点击"编辑类型"，在"构造"下选择"结构-编辑"，打开编辑部件页面。在此页面中，可对墙体的材质、厚度等结构组成进行详细编辑。例如，点击材质中的"按类别"，再点击相应的材质选择按钮（通常为三点状图标），即可从材质库中选择并编辑墙体组成部分的材质；在厚度栏中输入数值，能随意更改墙体各层的厚度；通过下方的"插入"和"删除"按钮，可灵活添加或删除墙体的组成层；选择任意组件，使用"向上"或"向下"按钮，可调整其在墙体结构中的位置。编辑完成后，点击左下角的"预览"可实时查看墙的整体组成效果，确认无误后点击"确定"，如图 3.1.2-3 所示。完成墙体编辑后，在绘图区域按照设计要求直接绘制结构墙即可。

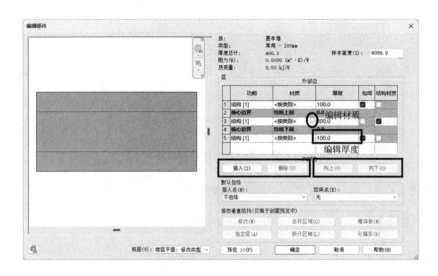

图 3.1.2-3　编辑部件

3.1.2.2 实训科创楼结构墙创建

由建筑地下一层平面图可知，⑦～⑪轴交Ⓥ～Ⓤ轴的消防水池墙体为结构墙，如图 3.1.2-4 所示，墙宽 300mm。

双击 Revit 2018 图标打开软件，打开在 2.1.2.3 小节中创建的轴网项目，在"项目浏览器"中"楼层平面"里双击"−1F"进入−1 层楼层平面。在功能区选择"墙"-"结构墙"进入绘图区域。

在建筑选项卡中打开墙体，在

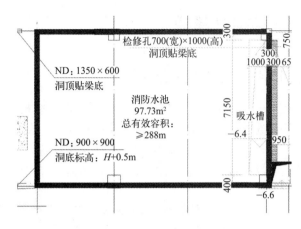

图 3.1.2-4 结构墙图纸

打开的属性面板中点击编辑类型，进入类型属性，点击右侧复制（图 3.1.2-5），命名为 DWQ1。点击"结构-编辑"，将材质改为 C35 钢筋混凝土，厚度改为 300。

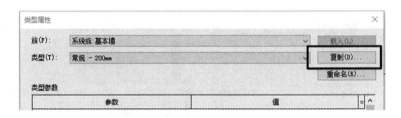

图 3.1.2-5 墙体复制

设置标高一般默认本层层高，后续需要修改时见总说明（或节点图/立面图），如图 3.1.2-6 所示。

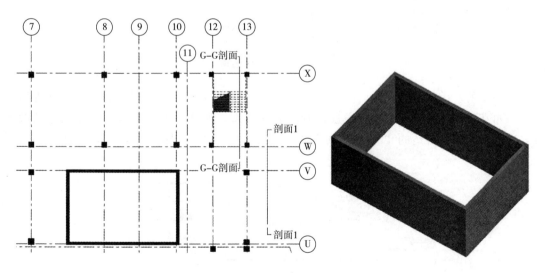

图 3.1.2-6 平面及三维效果图

3.2 结构柱建模

3.2.1 柱类型与尺寸选择

在 Revit 中构建结构柱模型，首先要在"结构"选项卡中选择"柱"构件（图 3.2.1-1），从而进入柱的编辑页面。进入编辑页面后，在属性选项板中可看到软件预设了多种柱类型及尺寸，如混凝土-矩形-柱、热轧 H 型钢柱等，并列出了相应的尺寸规格（图 3.2.1-2）。若选项中没有符合项目需求的柱类型，则需选择"编辑类型"。

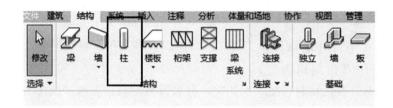

图 3.2.1-1 柱属性面板的进入

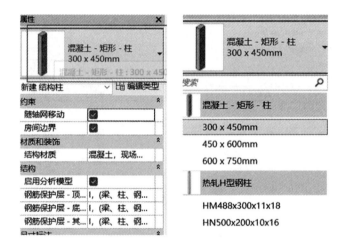

图 3.2.1-2 柱的选择

在弹出的"编辑类型"对话框中点击"载入"（图 3.2.1-3），此时会打开一个文件浏览窗口，可在 Revit 自带族类型库中选择所需的柱类型。例如，项目中需要特殊尺寸的圆形柱，在族库中找到合适的"混凝土-圆形-柱"族文件，选中后点击"打开"，该柱类型就会

图 3.2.1-3 载入族

被载入到项目中，如图 3.2.1-4 所示。载入完成后，在"编辑类型"对话框中，还可对柱的类型参数进行进一步查看和调整，确认无误后点击"确定"。

图 3.2.1-4　载入族对话框

3.2.2　柱位置布置与对齐

（1）随轴网移动功能

如图 3.2.2-1 所示。当选中已绘制的柱模型后，若对轴网进行移动操作，柱模型将同步跟随轴网移动；若未选中该功能，则轴网移动时柱模型保持原位，不随轴网移动。

（2）房间边界设置

在图 3.2.2-1 中的房间边界选项，勾选此功能后，柱所占面积将不纳入房间面积的计算范畴，此时房间面积为房间总面积减去柱截面面积；若取消勾选，则房间面积计算将忽略柱的存在，按房间整体区域计算。

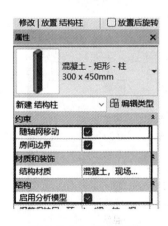

图 3.2.2-1　类型属性

图 3.2.2-2　柱放置前设置

（3）材质与装饰调整

此功能支持对柱构件的材质进行更换，同时可对其外观装饰进行编辑，以满足不同设计需求。

（4）截面尺寸修改

通过尺寸标注，能够对柱的截面尺寸进行调整，从而改变柱构件的几何形状参数。

（5）放置后旋转功能

启用该功能后，柱在放置后可即时进行旋转操作，方便在设计中灵活调整柱的方向，如图 3.2.2-2 所示。

（6）深度与高度设定

深度指柱从当前标高向下延伸的长度；高度指柱从当前标高向上延伸的长度，可通过相关设置精确控制柱在垂直方向的尺寸范围。

图 3.2.2-3　修改

选择柱后，在平面图中点击即可放置柱模型，放置后可利用移动或对齐功能使柱放置在正确的位置上，如图 3.2.2-3 所示。

3.2.3　柱属性设置与修改

在放置柱之前，可在类型属性中对柱的尺寸标注等属性进行详细设置。例如，在"类型属性"对话框中，找到"尺寸标注"部分，修改"b"和"h"的值，可精确调整柱的截面尺寸（图 3.2.3-1）。放置完成后，若需要对柱的属性进行修改，点击已建好的柱模型，再次打开属性面板，可对柱的各种参数进行编辑。除了尺寸外，还可修改柱的标高、材质、结构配筋等参数。比如，在属性面板中找到"标高"参数，修改其值可调整柱在竖向的位置；点击"材质"后的按钮，可在材质库中选择不同的材质，从而改变柱的材质属性，如图 3.2.3-2 所示。

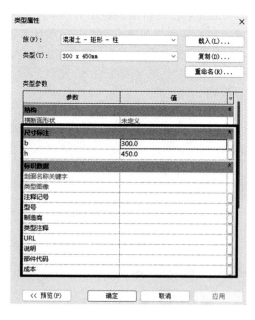

图 3.2.3-1　柱的类型属性修改

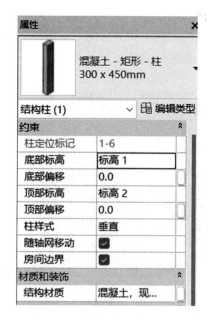

图 3.2.3-2　柱的再次更改

3.2.4　实训科创楼结构柱创建

如图 3.2.4-1 所示，以一层柱⑦～⑩轴交Ⓥ～Ⓧ轴处 KZa-9 为例，在−5.450～5.350 处该柱尺寸为 600×600，切换到相应视图，在结构选项卡中选择柱进入编辑类型（图3.2.4-2），点击复制，将名称改为 KZa-9，确定后将尺寸改为 600 和 600，设置好后将左上角的深度改为高度，之后将柱放在指定位置。放置完成后，根据设计要求将高度改正确，使用位移命令将柱调整到准确位置，确保柱的属性符合结构设计要求。

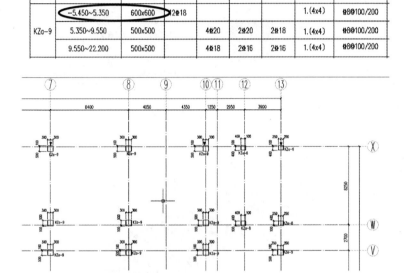

图 3.2.4-1　柱图纸识读

图 3.2.4-2　柱的设置

放置完成后将高度改为正确，使用位移命令将柱调整到正确位置（图 3.2.4-3）。KZa-9 结构柱部分展示如图 3.2.4-4 所示。

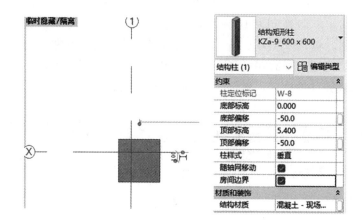

图 3.2.4-3　柱的调整

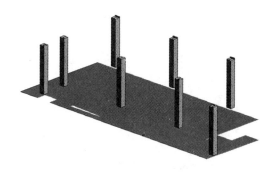

图 3.2.4-4　KZa-9 结构柱部分展示

实训科创楼整体结构柱的建立完成如图 3.2.4-5 所示。

图 3.2.4-5　实训科创楼整体结构柱的建立完成

3.3　结构梁建模

3.3.1　梁类型与截面选择

在 Revit 的结构建模中，梁是关键的受力构件，选择合适的梁类型与截面至关重要。在"结构"选项卡中选择"梁"构件，此时会弹出梁属性栏（图 3.3.1-1），在属性栏中可选择软件预设的梁类型,如矩形梁、工字钢梁等,并显示每种类型的默认截面尺寸。若预设类型无法满足设计需求,则点击"编辑类型",在弹出的对话框中可进行新建、载入或更改梁的属性值操作。"b"代表梁宽,"h"代表梁高,根据结构设计计算结果,修改这些参数以确定梁的截面尺寸。例如,某框架梁设计要求梁宽为350mm,梁高为700mm,就在"编辑类型"对话框的相应位置输入这些数值。若需要载入新的梁类型,则点击"载入",在文件浏览窗口中选择符合要求的梁族文件,如特殊截面形式的梁族,载入后即可在项目中使用,如图 3.3.1-2 所示。

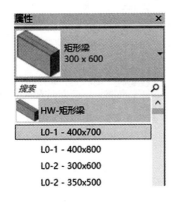

图 3.3.1-1　梁类型的选择

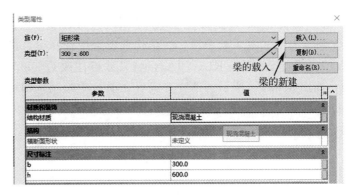

图 3.3.1-2　梁的载入和新建

3.3.2　梁的布置与属性设置

梁的类型和截面选择完成后,需要确定梁的放置平面,也就是梁所在的标高(图 3.3.2-1)。在属性栏中可更改梁的 Y 轴偏移和 Z 轴偏移,用于精确调整梁在平面和竖向的位置。例如,若梁需要在平面上偏移一定距离以避开其他构件,就在 Y 轴偏移中输入相应数值;若梁在竖向位置有特殊要求,如与其他构件顶面或底面平齐,可通过调整 Z 轴偏移来实现。放置梁时,在绘图区域根据轴网和建筑结构布局确定梁的位置,点击即可放置。放置后的两根梁之间通常会自动连接,形成梁的转角。但在某些特殊情况下,如设计要求梁之间不连续或有特殊连接方式,可用鼠标右键单击梁顶点,选择"不允许连接",即可使梁取消自动连接,如图 3.3.2-2 所示。

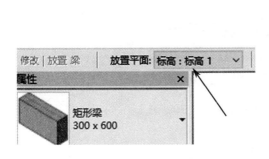

图 3.3.2-1　梁的前置设置

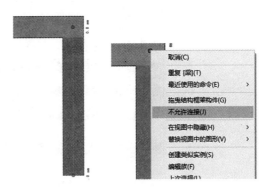

图 3.3.2-2　取消梁的自动连接

点击建好的梁可改变其各种参数（图 3.3.2-3）。

① 更改梁的起点及终点偏移可将梁更改为斜梁或更改梁的高度。

② 更改横截面旋转角度，可将梁旋转。

③ 如要更改梁的偏移，则更改几何图形位置栏的各种参数即可。

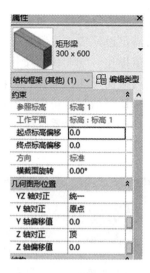

图 3.3.2-3　梁的二次修改

3.3.3　实训科创楼项目结构梁创建

由实训科创楼梁柱板配筋图可知，以 a-KL5（9A）300×750 为例（图 3.3.3-1），在结构选项卡中选择梁，进入后编辑类型复制为 a-KL5（9A），将尺寸标注改为 300×750，如图 3.3.3-2 所示。设置完成后在项目中绘制，即可得到符合设计要求的梁模型。绘制梁结果如图 3.3.3-3 所示。

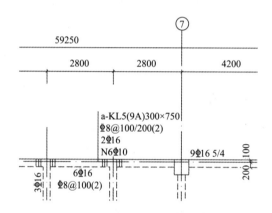

图 3.3.3-1　梁图纸

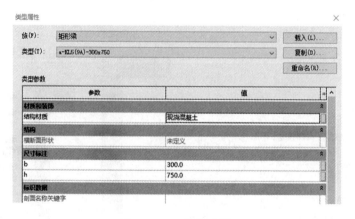

图 3.3.3-2　梁的设置

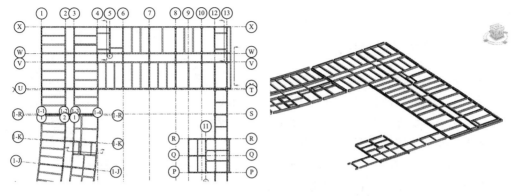

图 3.3.3-3　绘制梁结果

3.4　结构楼板建模

3.4.1　楼板类型与厚度选择

在 Revit 中创建结构楼板，首先在"结构"选项卡中下拉"楼板"选项，选择"楼板：结构"。进入楼板绘制界面后，在属性中可选择软件预设的楼板类型，如常规－150mm 楼板、预制楼板等。若预设类型不能满足项目需求，可进入"编辑类型"。在"编辑类型"对话框中，选择"构造-结构-编辑"，进入编辑部件页面，在此可更改楼板的厚度。例如，项目设计要求楼板厚度为 200mm，就在"厚度"栏中输入 200，点击"确定"后，楼板类型和厚度设置完成，如图 3.4.1-1 所示。

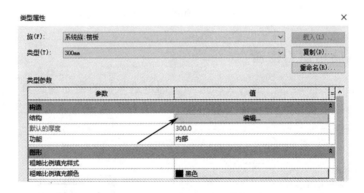

图 3.4.1-1　楼板厚度样式更改

3.4.2　楼板布置与边界处理

选择好合适的楼板后，需要更改其标高，以确定楼板在建筑竖向中的位置。在绘图区域，根据建筑结构布局和设计要求，直接绘制出楼板的形状（图 3.4.2-1）。绘制楼板时，要注意板的边界应在梁和柱的内边线，以防止楼板与梁、柱重叠导致模型显示异常，如出现闪烁或模型错误等问题。例如，在绘制某楼层楼板时，参考梁和柱的位置，使用绘制工具准确绘制楼板边界，确保楼板与梁、柱的位置关系正确。

3.4.3 楼板属性设置与修改

在楼板属性中选择"类型属性-构造-结构-编辑"，进入编辑部件页面，可对结构板的材质、厚度等参数进行进一步修改。在编辑部件页面中，可看到楼板由多个结构层组成，如结构层、保温层等（若有）。点击材质对应的"按类别"按钮，再点击"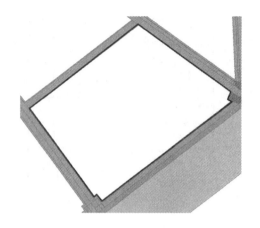"，可从材质库中选择不同的材质用于结构板，如选择不同强度等级的混凝土作为结构板材质。在厚度栏中，可再次调整各结构层的厚度，

图 3.4.2-1　楼板的布置

如增加结构层厚度以提高楼板的承载能力。编辑完成后，点击"确定"，楼板的属性即被修改，如图 3.4.3-1 所示。

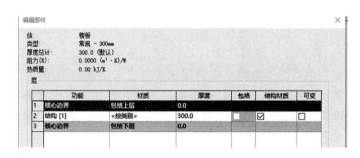

图 3.4.3-1　楼板参数的修改

3.4.4 楼板钢筋布置与检查

在结构选项卡中选择钢筋栏中的面积选项，即可进入板的钢筋编辑页面，在左侧属性栏中编辑板顶部与底部钢筋的主筋及受力筋（图 3.4.4-1）。编辑完成后，绘制主筋方向即可，点击"√"完成板钢筋的编辑。

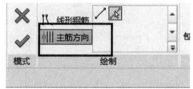

图 3.4.4-1　主筋及受力筋的选择

结构区域钢筋如图 3.4.4-2 所示。点击结构区域钢筋即可进行编辑（图 3.4.4-3），选择属性面板中的视图可见性状态（图 3.4.4-4），将相应楼层的清晰的识图勾选上即可显示钢筋（图 3.4.4-5）。

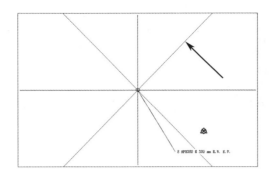

图 3.4.4-2　结构区域钢筋

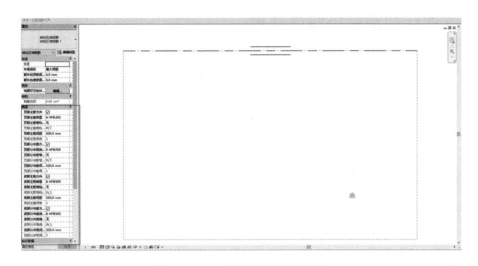

图 3.4.4-3　结构区域钢筋的编辑

图 3.4.4-4　钢筋视图可见性状态

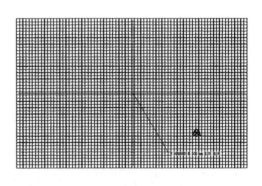

图 3.4.4-5　可见后的钢筋

　　若需对板钢筋进行特殊编辑，可点击结构区域钢筋，选择其上方的"删除域系统"功能（图 3.4.4-6），之后点击相应钢筋即可进行精细编辑操作。需注意，因为钢筋分为顶筋和底筋，编辑完后可将其隐藏，便于编辑其他钢筋。同时，除非有特殊要求，一般板钢筋不会超过板的绿线保护层，如图 3.4.4-7 所示。

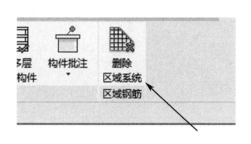

图 3.4.4-6　删除域系统

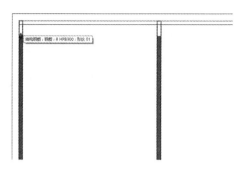

图 3.4.4-7　钢筋特殊编辑

3.5　二次结构及装饰装修建模

3.5.1　二次结构建模

3.5.1.1　马牙槎的建立与修改

在平面图中，选择"GLS 土建"选项卡，下拉"构造柱"选项，选择"构造柱（点选创建）"，如图 3.5.1-1 所示。根据图纸中所给的信息，将构造柱设置成需要的状态（图 3.5.1-2），点选"布置"即可。布置效果如图 3.5.1-3 所示。

图 3.5.1-1　构造柱的选择

图 3.5.1-2　构造柱的设置

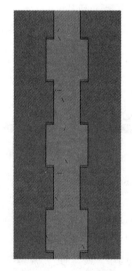

图 3.5.1-3　布置效果

3.5.1.2 墙体排砖的建模与出图

前期准备工作：在项目浏览器中选择任意平面图，此处以选用一层平面图为例，点击鼠标右键，右键选择"复制视图-带细节复制"，重命名为一层排砖平面图，用作最终出图排砖标注图纸，如图3.5.1-4所示。

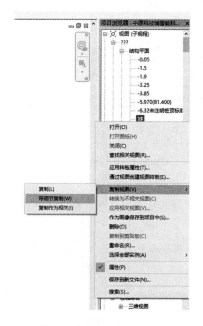

图3.5.1-4　一层排砖平面图的复制

进入视图，将更改过的只保留墙体的图纸导入一层排砖平面图中。图纸展示如图3.5.1-5所示。

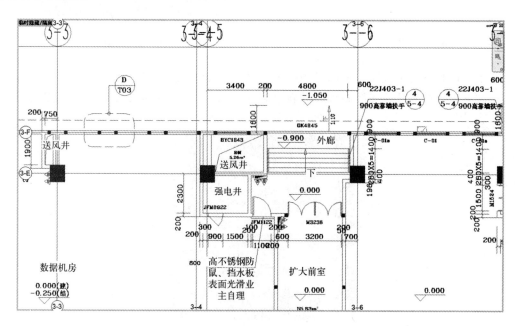

图3.5.1-5　图纸展示

如图 3.5.1-6 所示，在注释选项卡中选择文字选项，重命名为"排砖平面用"，点击"编辑类型"，将文字改为适当的形式（图 3.5.1-7）。

更改完成后，在一层平面图中选择一个墙体，将墙体标注为"1 号墙"。

前置工作完成后即可开始排砖，排砖要点及注意事项如下。

① 大于 4m 的墙，需要在墙中设置腰梁，腰梁宽度为墙宽，高度为 120～240mm，常见高度为 200mm，如图 3.5.1-8 所示。

图 3.5.1-6　文字的选择

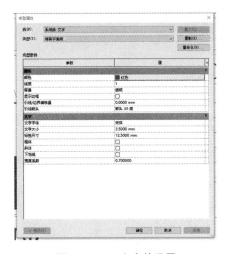

图 3.5.1-7　文字的设置

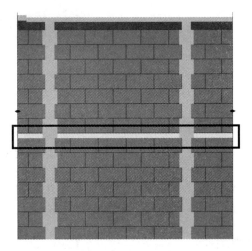

图 3.5.1-8　腰梁

② 上下两排砖的最大距离不超过 400mm，最小距离不超过 200mm。

③ 腰梁以上的马牙槎需要删掉并重新复制（图 3.5.1-9），以防止砖与马牙槎碰撞。

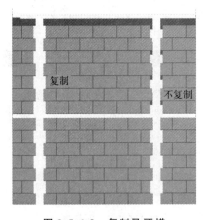

图 3.5.1-9　复制马牙槎

④ 顶部小于 350mm 时不排砖（图 3.5.1-10）。

⑤ 砖缝为 15mm（图 3.5.1-11）。

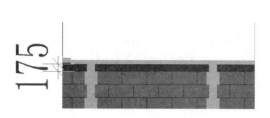

图 3.5.1-10　顶部尺寸示意

图 3.5.1-11　砖缝示意

⑥ 墙砖大小绝大部分为 600mm×300mm×240mm。

墙砖排布时，沿着一边开始排布（图 3.5.1-12），侧面贴马牙槎，下方距地 15mm。之后开始向另一侧复制，注意砖与砖之间需要留有缝隙（图 3.5.1-13）。

图 3.5.1-12　首砖的排布

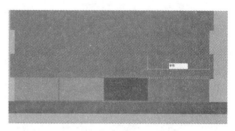

图 3.5.1-13　排砖的复制

另一侧无法使用整砖时可通过半砖解决（图 3.5.1-14），上一层排布时因上下砖需要错位，应尽量从另一侧开始排布，排布完成两层后即可直接线上复制，快速排完墙体。排砖成果示意如图 3.5.1-15 所示。

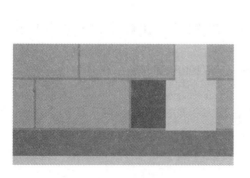

图 3.5.1-14　半砖的设置

图 3.5.1-15　排砖成果示意

排完砖后，需要在平面图中视图选项卡下选择剖面，设置一个截面将墙截出（图3.5.1-16）。

点击"截面"，在截面属性中将远裁剪范围调为200mm（图3.5.1-17）。

将剖面名称改为"×层×号墙"。在剖面图中将每块砖编序号，标准为整砖为1号，不同规格的砖依次向下顺延，如图3.5.1-18所示。

图 3.5.1-16　剖面选择

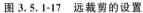

图 3.5.1-17　远裁剪的设置

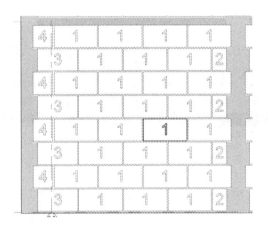

图 3.5.1-18　砖的命名

3.5.2 装饰装修建模

3.5.2.1 地面瓷砖排布

在"建筑"选项卡中选择楼板选项，新建楼板，重命名为地砖，厚度改为100mm，结构材质改为瓷砖，如图3.5.2-1所示。

设置完成后进行排布，排布时尽量从有门的一侧开始，瓷砖中的半砖尽量放置于角落，使得整体美观。

设置完成后，运用绘制工具绘制适当大小的瓷砖，示例地砖为300mm×300mm，如图3.5.2-2所示。可将地砖抬高1mm，防止与楼板重叠。

其余地砖可采用复制方法布置，地砖之间需要留2mm的缝隙。地砖排布成果展示如图3.5.2-3所示。

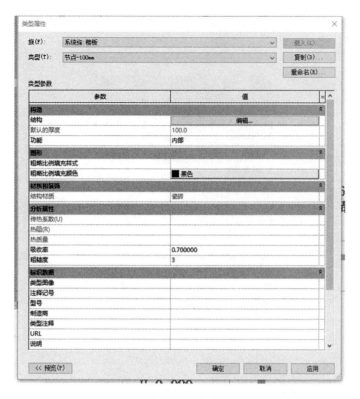

图 3.5.2-1　地砖属性设置

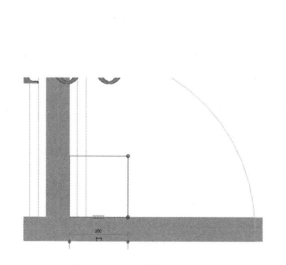

图 3.5.2-2　首块地砖绘制

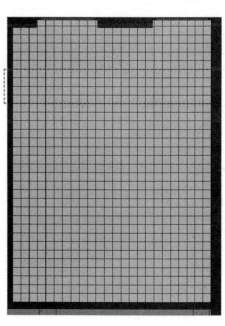

图 3.5.2-3　地砖排布成果展示

3.5.2.2　墙体瓷砖排布

选择一个墙体，利用复制粘贴方式在同一位置复制墙体（图 3.5.2-4）。

新建墙体，名称为墙砖，材质为瓷砖，厚度为 10mm（图 3.5.2-5）。

点击复制出的墙体，将其新建为幕墙，名称为墙砖。关闭自动嵌入，将幕墙嵌板改为刚刚设置的"基本墙：墙砖"（图 3.5.2-6）。

图 3.5.2-4　墙体的原位置复制

图 3.5.2-5　墙砖的设置

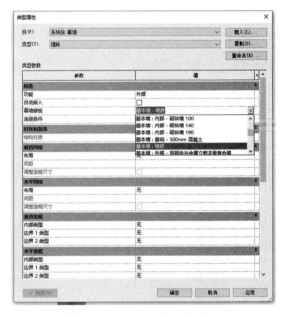

图 3.5.2-6　幕墙的设置

确定后将复制的幕墙移动到原墙前，如图 3.5.2-7 所示。

在建筑选项卡中选择幕墙网格选项，将幕墙分为需要的大小，墙砖成果展示如图 3.5.2-8 所示，图中演示瓷砖为 300mm×300mm。

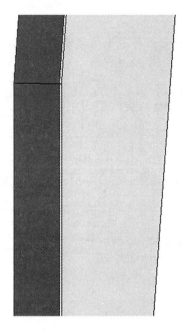

图 3.5.2-7　移动后效果

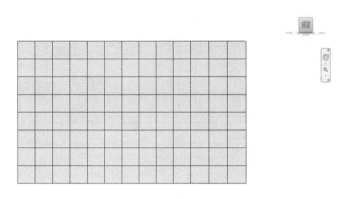

图 3.5.2-8　墙砖成果展示

小结

　　本章聚焦 Revit 结构建模，涵盖基础（独立基础参数设置、基坑族编辑器创建）、结构构件（柱梁类型匹配与定位，如柱随轴网移动、梁偏移参数调整）、楼板（厚度设置与钢筋布置，通过"结构区域钢筋"定义主筋、分布筋）。强调"安全性"与"协同性"，如结构墙材质厚度调整、遵循荷载规范，利用工作集实现专业联动，碰撞检查消除冲突，为后续设计提供精确数据，体现 BIM 全生命周期管理价值。

1. 完成以下样例图纸负二层③-①-③-⑨和③-Ⓐ-③-Ⓓ轴网的基础及柱的建模。

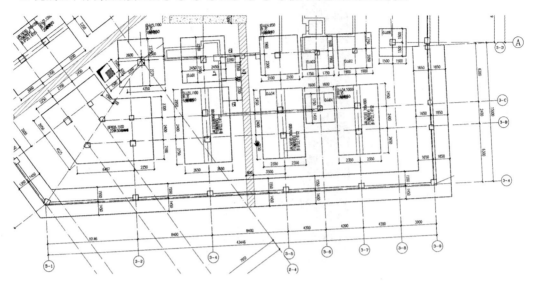

基础平面图

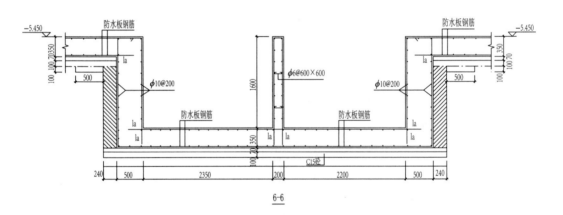

6-6

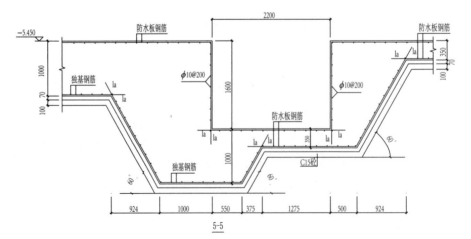

5-5

基础详图

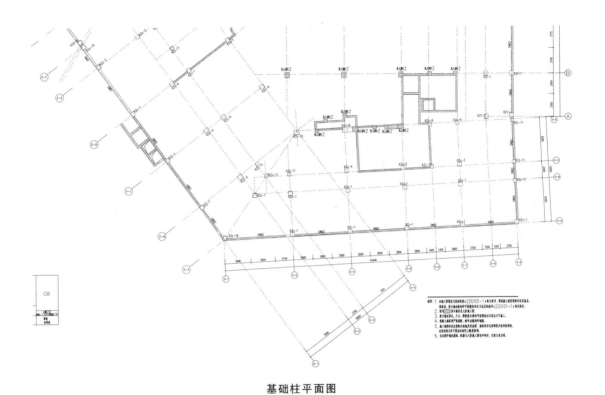

基础柱平面图

结果示例

2. 创建下图中的榫卯结构，并将其建在一个模型中。

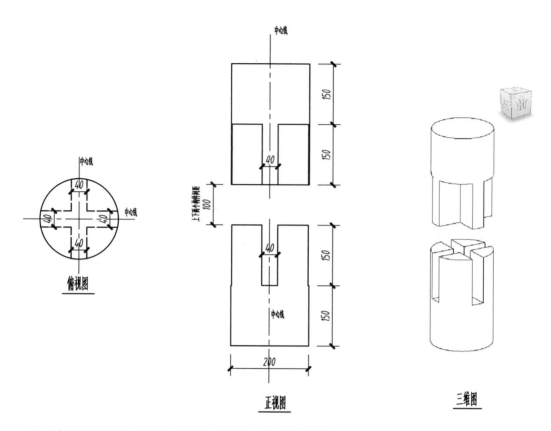

俯视图

正视图

三维图

3. 根据图片给定尺寸创建台阶模型，图中所有曲线均为圆弧。

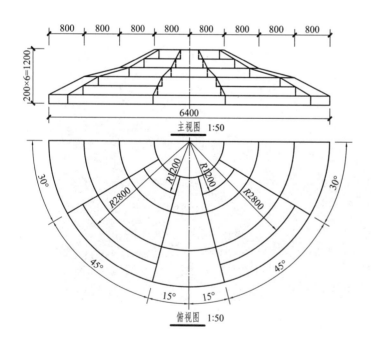

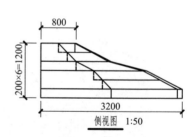

主视图 1:50

侧视图 1:50

俯视图 1:50

4. 完成以下实训楼一层 4、5 号楼厕所模型建立及地砖与墙砖的瓷砖排布。

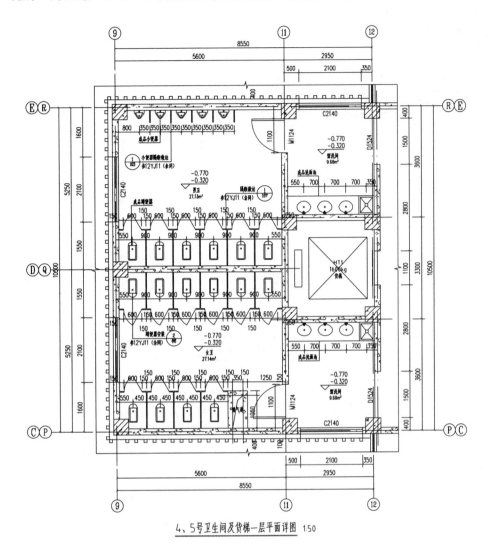

4、5号卫生间及货梯一层平面详图 1:50

第4章

给水排水工程建模

本章知识导图

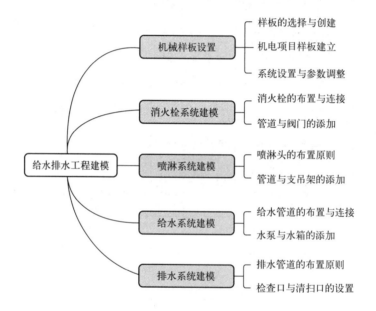

給排水系统作为建筑基础设施的核心部分，不仅直接影响着建筑的日常使用体验，更与资源节约、环境保护等重大议题紧密相连，深刻体现了绿色经济和可持续发展的理念。在本

学习目标

了解
1. 机械样板设置
2. 各系统绘制前的准备工作
3. 各管道系统的建模

熟悉
1. 各基础操作可达效果
2. 项目案例图纸

应用
1. 项目样板的创建与设置
2. 管道系统的设置
3. 完成各系统的精细化建模

扫码观看视频/听语音讲解

第4章 给水排水工程建模

章的教学过程中，我们将深入探讨给排水系统的组成结构与工作原理，并引导读者运用 Revit 这个强大的工具，进行科学合理的管道布置、精准的设备选型以及系统校验等工作。

在实训环节，我们鼓励读者积极探索节能减排的创新思路，将绿色理念融入每一个设计细节中。例如，通过优化管道走向，减少水流阻力，降低能源消耗；选用节能型设备，提高能源利用效率，从而实现给排水系统的环保性与高效性。这不仅是一次专业技能的锻炼，更是一次对可持续发展理念的深入践行。希望读者在学习过程中，能够深刻理解资源节约与环境保护的重要性，为推动绿色经济发展贡献自己的智慧与力量。

4.1 机械样板设置

在 Revit 中进行给水排水工程建模时，合理的样板设置是基础。机械样板为给排水建模提供了基本的视图、系统设置等框架。

4.1.1 样板的选择与创建

打开 Revit 2018 软件，在初始界面（图 4.1.1-1）找到"新建项目"选项并点击。在弹出的"新建项目"对话框中，于"样板文件"区域点击下拉箭头。在下拉列表中查找并选择"机械样板"。若软件自带的样板无法满足项目特殊需求，需使用自定义样板时，可点击"浏览"按钮，在本地文件系统中找到预先准备好的自定义样板文件，选中后点击"确定"，即可完成基于所选样板的项目创建。

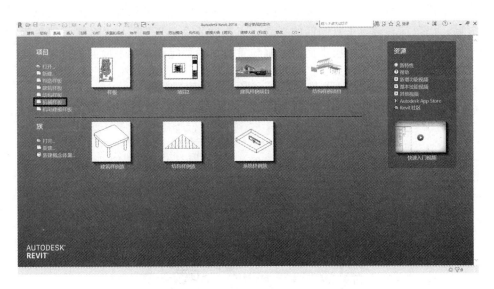

图 4.1.1-1　新建项目

4.1.2 机电项目样板建立

4.1.2.1 项目浏览器建立

如图 4.1.2-1 所示，点击"管理"控制面板下的"项目参数"，点击"添加"，输入"专业类型"，在过滤器列表中选择"视图"，创建视图专业类型标识。

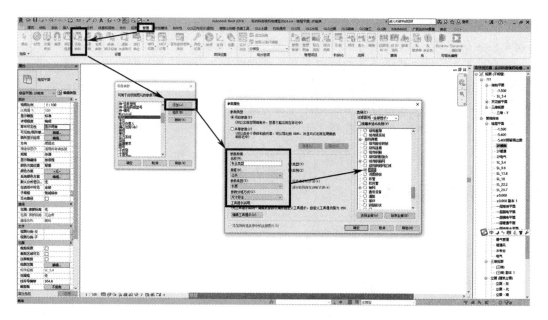

图 4.1.2-1 添加项目参数

　　根据实际需求创建各类视图，以平面视图为例，对于不同楼层分别创建对应的平面视图，在"视图"选项卡中点击"平面视图"，选择"楼层平面"，然后在弹出的对话框中选择相应楼层，即可创建该楼层的平面视图。

　　点击其中任意平面，如图 4.1.2-2 所示，用鼠标右键点击该平面，点击"复制"进行楼层平面复制，用鼠标右键点击复制后的平面，点击"重命名"，输入"喷淋一层平面图"进行楼层平面的重命名，完成楼层平面的复制与重命名，即完成楼层平面的创建。

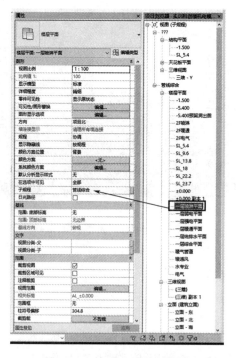

图 4.1.2-2 建立项目浏览器

4.1.2.2 管道系统建立、布管系统配置

在项目浏览器中点击"族"，找到"管道系统"，双击"管道系统"后点击其中任意系统，用鼠标右键点击该系统，点击"复制"进行管道系统的复制，用鼠标右键点击复制后的系统，点击"重命名"，输入"生活给水管道系统"进行管道系统的重命名，完成管道系统的复制与重命名，以此类推，如图4.1.2-3所示，完成其他的管道系统的创建。

在风管系统中添加送风、新风等项目需要的系统。在水管系统中添加给水、排水等系统。

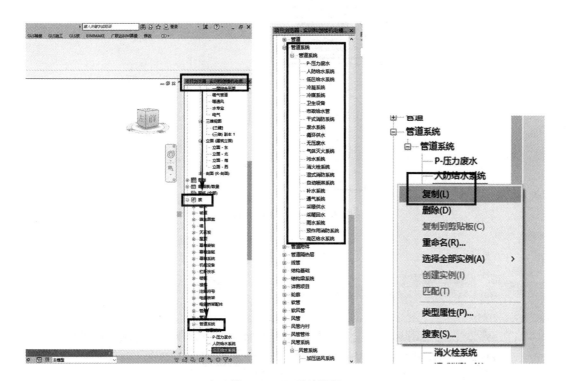

图 4.1.2-3 系统配置

在项目浏览器中点击"族"，找到"电缆桥架"，双击"电缆桥架"后点击其中任意桥架，用鼠标右键点击该桥架，点击"复制"进行电缆桥架的复制，用鼠标右键点击复制后的桥架，点击"重命名"，输入"弱电（报警）电缆桥架"进行电缆桥架的重命名，完成电缆桥架的复制与重命名，以此类推，完成其他电缆桥架的创建。

对于电缆桥架，需要重新通过电气样板建立项目，然后传递项目标准。之后为不同的配件添加名称。如图4.1.2-4所示，在"项目浏览器"中找到"电缆桥架配件"并双击展开，双击"槽式电缆桥架垂直等径上弯通"展开，点击任意上弯通，用鼠标右键点击"复制"，在复制后的上弯通上点击"重命名"，输入"弱电（报警）电缆桥架垂直等径上弯通"，完成弱电电缆桥架垂直等径上弯通配件的创建，其他配件依次通过相同操作进行创建。

在配件创建完成后，点击"族"中的"电缆桥架"中的"弱电（报警）电缆桥架"，用鼠标右键点击"类型属性"，点击水平弯头下拉选择"槽式电缆桥架水平弯通：弱电（报警）桥架"进行桥架配件配置，其他依次进行配置。如图4.1.2-5所示为完成桥架系统配置。

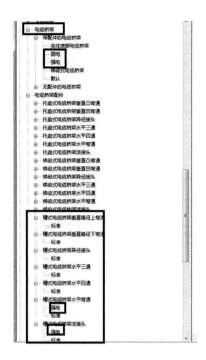

图 4.1.2-4　桥架配件配置

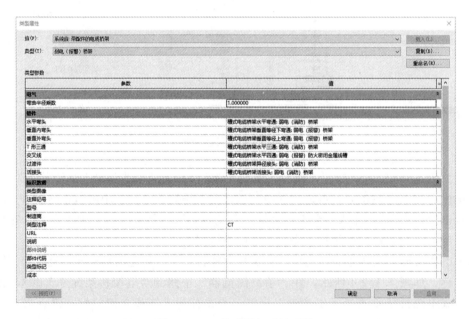

图 4.1.2-5　完成桥架系统配置

4.1.2.3　过滤器、视图样板的建立

输入快捷键"VV",打开"过滤器"进行设置,点击"添加",添加新的过滤器类型,点击"填充图案",设置不同颜色,达到如图 4.1.2-6 所示不同的效果,通过过滤器对各个系统颜色进行分类。

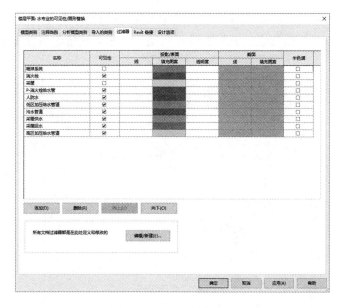

图 4.1.2-6　过滤器设置

如图 4.1.2-7 所示，在综合视图过滤器建立好之后，创建综合视图样板（图 4.1.2-8）。

图 4.1.2-7　创建视图样板

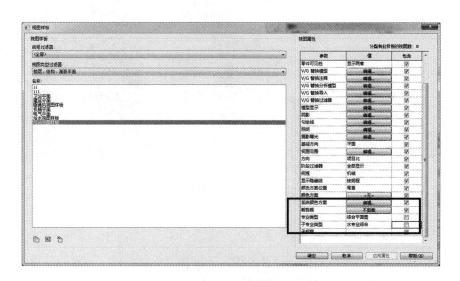

图 4.1.2-8　创建视图样板

如图 4.1.2-9 和图 4.1.2-10 所示，将综合视图样板应用于各个专业视图，通过过滤器勾选所要显示的专业。如给排水需要勾选给水系统、排水系统等，其他专业不需要勾选。

图 4.1.2-9　应用视图样板

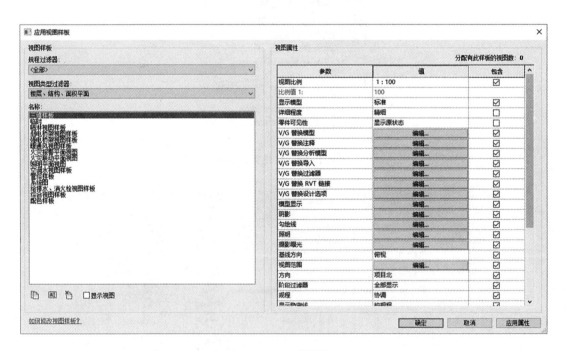

图 4.1.2-10　成果展示

4.1.3　系统设置与参数调整

根据需要设立不同的管道系统，任意点击一个系统，如图 4.1.3-1 所示，用鼠标右键点击"复制"并"重命名"，创建新的管道系统。

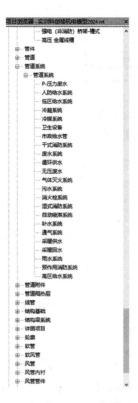

图 4.1.3-1 管道系统的新建

如图 4.1.3-2～图 4.1.3-5 所示，根据不同的需要，创建不同管道系统的参数。

图 4.1.3-2 管道设置

图 4.1.3-3 管道类型的设置

图 4.1.3-4　不同管道的创建　　　　　　　　**图 4.1.3-5　管道的命名**

　　管道材质：如图 4.1.3-6 所示，在"管道材质"设置区域点击下拉箭头，从下拉列表中选择适合项目的材质，如镀锌钢管、铜管、PVC 管等。材质的选择需综合考虑项目的使用环境、水质要求、耐久性以及成本等因素。

　　管径规格：如图 4.1.3-7 和图 4.1.3-8 所示，依据设计流量、流速要求以及管道系统的压力损失等因素，在"管径规格"下拉列表中选择合适的管径尺寸。通常，主管管径较大，以满足较大流量的输送需求；分支管管径则根据实际连接的用水设备或器具的用水量逐步递减。

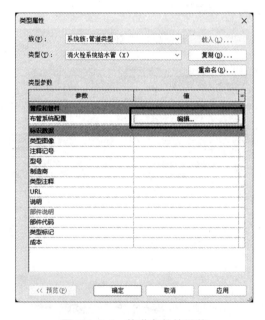

图 4.1.3-6　管道参数的调整

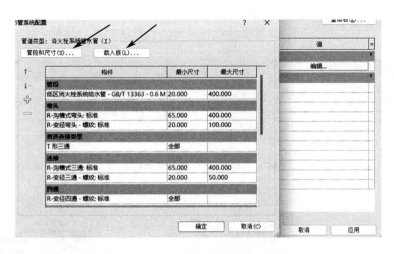

图 4.1.3-7　管段和不同连接件的设置

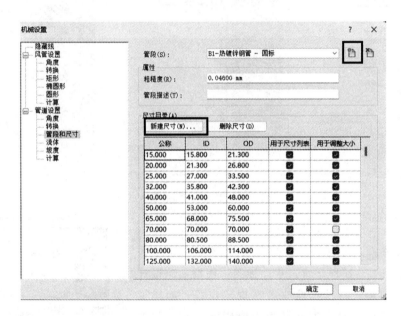

图 4.1.3-8　不同管段的创建和尺寸的创建

4.2　消火栓系统建模

消火栓系统作为建筑消防的重要组成部分，其在 Revit 中的建模过程需要严格操作，以确保模型的准确性和可靠性。

4.2.1　消火栓的布置与连接

在 Revit 2018 界面"插入"选项卡，点击"载入族"按钮（图 4.2.1-1）。如图 4.2.1-2 所示，弹出一个文件浏览对话框，用于查找族文件。在族文件对话框中，浏览到存储消火栓族文件的位置。消火栓族文件通常具有".rfa"的文件扩展名。找到对应的消火栓族文件后，选中它并点击"打开"按钮。族文件载入后，可以通过在 Revit 界面的"项目浏览器"

中找到"族"文件夹来查看。展开该文件夹，可以查看载入的消火栓族文件。

图 4.2.1-1　消火栓构件的载入

图 4.2.1-2　消火栓的载入

在"系统"选项卡中选择"构件"并点击。选择已经载入过的消火栓族，如图 4.2.1-3 所示，在图纸合适位置进行左键点击布置。切换至建筑平面视图，根据消防设计规范以及建筑布局，将消火栓放置在规定位置，如楼梯间、走廊等人员疏散通道附近且易于取用的地方。放置时，需注意消火栓与周围墙体、门窗、柱等建筑构件保持合理距离，确保消火栓箱门开启不受阻碍，以便在紧急情况下消防人员能够迅速连接水带和水枪进行灭火操作。具体操作方法为：将鼠标移动到目标位置，当出现合适的捕捉点（如墙体中心线、墙角等）时，点击鼠标左键，即可将消火栓放置在该位置。

消火栓放置完成后，如图 4.2.1-4 所示，选择"系统"选项卡中的"管道"工具，开始绘制连接消火栓与消防水源（如消防水池、消防泵房等）的管道。如图 4.2.1-5 所示，在绘制管道前，需在"属性"面板中进行参数设置。

图 4.2.1-3　消火栓的设置

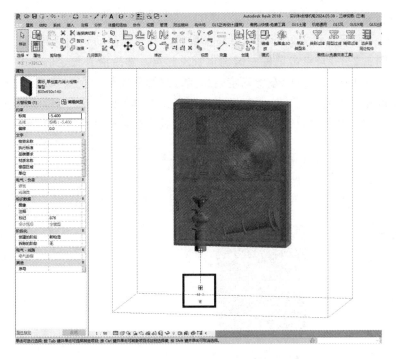

图 4.2.1-4　消火栓管道的布置

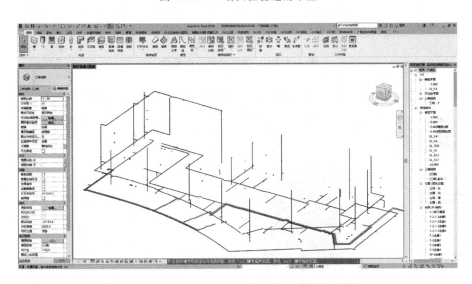

图 4.2.1-5　选择消火栓管道的类型

　　管径：根据消火栓的设计流量要求以及消防规范规定，确定合适的管径。一般情况下，消火栓系统主管管径应不小于 $DN100$，支管管径可根据实际情况选择 $DN65$ 或 $DN50$ 等。在"属性"面板中选择"管径"参数项，点击下拉箭头，从列表中选择相应管径尺寸。

　　标高：消火栓管道的标高设置直接影响消火栓的安装高度和消防水的输送效果。在"属性"面板中选择"标高"参数项，点击其右侧的编辑按钮，可选择手动输入具体标高数值。也可通过点击"拾取"按钮，在建筑模型中选择一个参考平面（如地面、楼板等）作为基准，然后根据消火栓安装高度要求（通常消火栓栓口距地面高度为 1.1m 左右），在该基准标高的基础上进行偏移设置，确保管道安装高度符合标准，使消火栓在火灾发生时能正常工作，消防水顺利到达灭火位置。

如图 4.2.1-6 所示，设置好管径和标高参数后，将光标移动到消火栓接口位置，当出现连接提示时（图 4.2.1-7）点击鼠标左键确定管道起点，然后沿着预定的管道走向移动鼠标，在需要转弯的位置再次点击鼠标左键确定转折点，继续移动鼠标直至到达消防水源位置，最后点击鼠标左键完成管道绘制。绘制过程中，可通过键盘上的"Esc"键随时取消当前操作，或使用"Ctrl + Z"组合键撤销上一步操作，以便对绘制过程进行调整和修正。

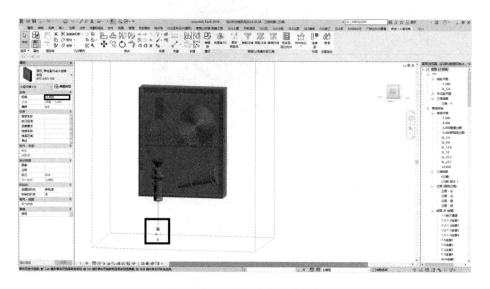

图 4.2.1-6　消火栓管道的布置

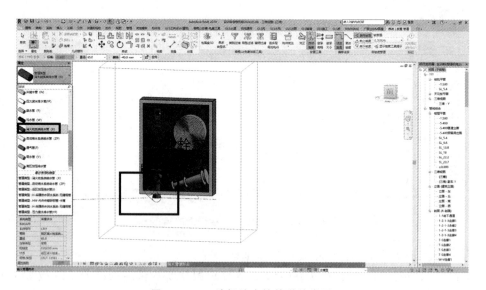

图 4.2.1-7　选择消火栓管道的类型

4.2.2　管道与阀门的添加

如图 4.2.2-1～图 4.2.2-3 所示，以实训科创楼给排水一层平面图"3-C"交"3-8"两轴处管道为例，点击"系统"面板中的"管道"进入管道绘制状态。如图 4.2.2-4 所示，在

"属性"面板中点击"管道类型",选择"消火栓管道给水管",在"直径"中输入"100",在偏移中输入"4670.00mm",点击应用后,在平面图中根据图中的消防管道线进行两点点击绘制(图4.2.2-5),第一次点击左键确定起点,第二次点击左键确定拐点或终点。布置管道如图4.2.2-6所示。

图4.2.2-1 点击"管道"进行管道布置

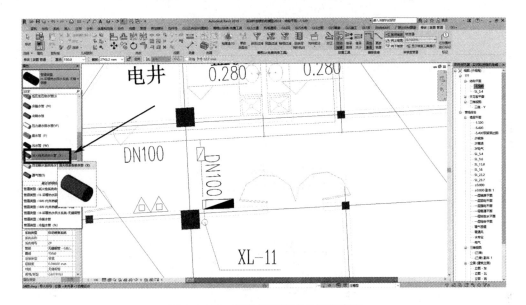

图4.2.2-2 选择需要布置的管道类型

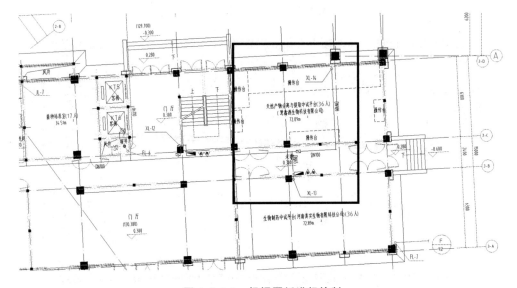

图4.2.2-3 根据图纸进行绘制

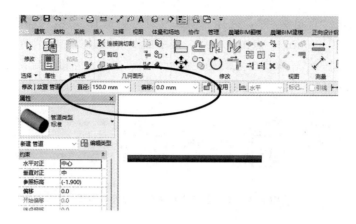

图 4.2.2-4　设置管径和偏移

图 4.2.2-5　两点点击绘制

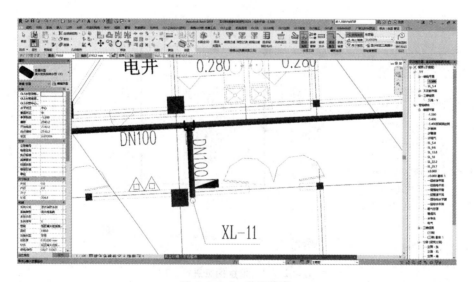

图 4.2.2-6　布置管道

如遇需要垂直向上绘制给水立管，可以在绘制水平干管尾端结束后，再次直接点击"偏移"，输入"5100.00mm"，然后点击"应用"，直接生成如图 4.2.2-7 所示的给水立管，然后继续通过两点点击进行 5100mm 标高处的消防给水管道的绘制（图 4.2.2-8）。

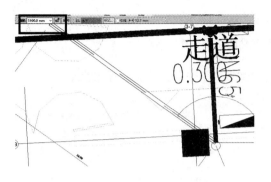

图 4.2.2-7　立管偏移位置设置

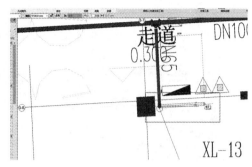

图 4.2.2-8　绘制水平干管

为便于控制消火栓系统的水流，需在如图 4.2.2-9～图 4.2.2-12 所示的管道上添加阀门。点击 Revit 软件界面右侧的"族库"按钮，在弹出的族库浏览器中找到"阀门"文件夹并点击打开。

在"阀门"文件夹中，根据设计要求和实际工程需要选择合适的阀门族，如闸阀、蝶阀、止回阀等。例如，在需要经常调节水流大小的地方，可选闸阀；对水流阻力要求较小的地方，蝶阀较为合适；止回阀则用于防止水流倒流，通常安装在水泵出口等位置。选中所需阀门族后，将其从族库浏览器中拖拽至绘图区域的管道上，阀门会自动吸附在管道上，并随鼠标移动。

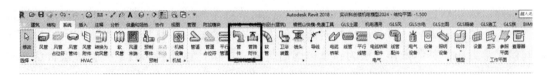

图 4.2.2-9　进行管道附件和管件的布置

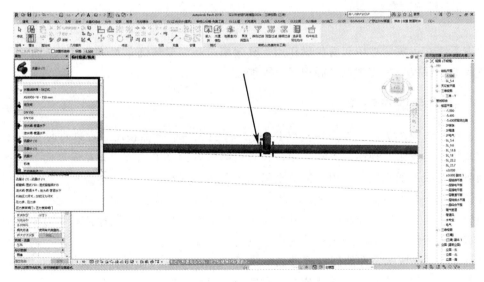

图 4.2.2-10　选择需要的管件类型

图 4.2.2-11　进行管件的点击布置

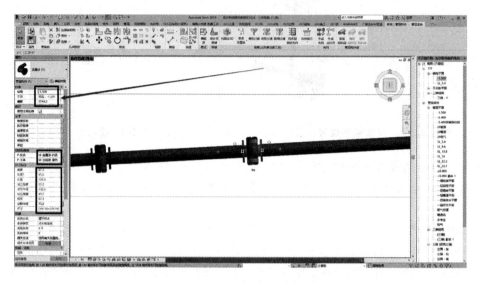

图 4.2.2-12　按需进行管件的调整

　　将阀门移动到合适位置（如管道分支处、控制节点等）后，点击鼠标左键，将阀门放置在管道上。放置完成后，可使用鼠标对阀门的方向进行调整，使其与管道水流方向一致，确保阀门正常工作。具体操作方法为：选中阀门，将鼠标指针移动到阀门上的旋转控制点（通常为阀门图形的一角），当指针变为旋转图标时，按住鼠标左键并拖动，即可调整阀门方向。

4.3　喷淋系统建模

　　喷淋系统在火灾防控中起着关键作用，其建模过程需要精确布置喷淋头，并合理设置管道与支吊架，同时通过模拟调试确保系统性能。

4.3.1　喷淋头的布置原则

　　为准确布置喷淋头，首先需切换至 Revit 软件的天花板平面视图。在软件界面左下角的视图控制栏中，点击"视图"下拉按钮，在弹出的视图列表中选择"天花板平面"选项，即可切换到天花板平面视图，该视图能清晰显示天花板布局结构，为喷淋头布置提供便利。

　　如图 4.3.1-1 和图 4.3.1-2 所示，以"一层喷淋布置平面图"的"3-C"交"3-8"两轴处管道为例，在"系统"选项卡中找到并点击"喷头"工具，此时鼠标指针变为喷淋头图标样式，表示已激活该工具，用鼠标左键点击进行喷淋头的布置。

　　如图 4.3.1-3 所示，在绘制好管道和喷头后，点击喷头，在操作面板中点击"连接到"按键，将喷头与管道进行自动布线连接，布置前后对比如图 4.3.1-4 所示。

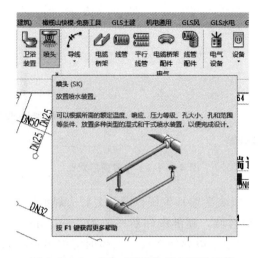

图 4.3.1-1　点击"喷头"进行喷头布置

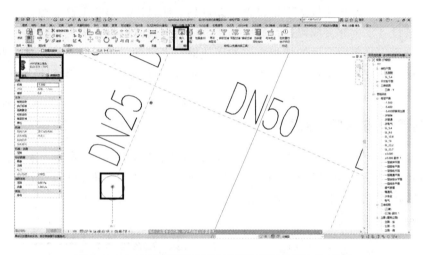

图 4.3.1-2　根据不同需要进行喷头类型的载入和选择

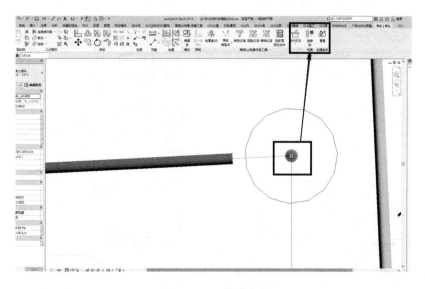

图 4.3.1-3　管道布置

图 4.3.1-4　布置前后对比

根据建筑的功能分区、火灾危险性等级以及相关防火规范要求，确定喷淋头的布置间距和位置。例如，在普通办公区域，喷淋头间距一般为 3～3.6m；在高火灾风险区域（如仓库、机房等），间距应适当缩小，以确保在火灾发生时能够迅速有效地控制火势蔓延。在布置喷淋头时，需将其均匀地分布在天花板上，确保每个区域都能得到有效覆盖，避免出现防火死角。同时，要考虑天花板上其他设备（如灯具、通风口、烟感报警器等）的位置，避免喷淋头与这些设备发生冲突或遮挡，影响其正常功能。具体操作方法为：将光标移动到天花板上的目标位置，当出现合适的捕捉点（如天花板网格交点、灯具中心等）时，点击鼠标左键，即可将喷淋头放置在该位置。放置过程中，可通过键盘上的空格键切换喷淋头的方向，使其喷头朝向最有利于灭火的方向。

4.3.2　管道与支吊架的添加

如图 4.3.2-1 所示，与消火栓系统管道布置方法相同，使用"系统"选项卡中的"管道"工具连接喷淋头与供水管道。在绘制管道前，在"属性"面板中进行参数设置（图 4.3.2-2），然后进行水平干管和立管的布置。

图 4.3.2-1　点击"管道"进行管道布置

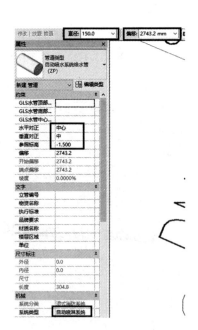

图 4.3.2-2　调整管道布置参数

管径：管径的选择需根据喷淋系统的设计流量计算确定。一般而言，喷淋系统的主管管径较大，随着分支逐渐减小。常见的管径有 $DN150$、$DN100$、$DN80$、$DN50$ 等，具体管径应满足喷头的水量和压力要求。在"属性"面板中找到"管径"参数项，点击下拉箭头，从列表中选择相应管径尺寸。

材质：喷淋管道通常选用具有良好耐腐蚀性和承压能力的材质，如镀锌钢管或铜管。镀锌钢管成本相对较低，能满足大多数建筑喷淋系统的要求；铜管则具有更好的耐腐蚀性和导热性，但成本较高，适用于对系统性能要求较高或特殊环境的建筑。在"属性"面板中找到"材质"参数项，点击下拉箭头，从列表中选择合适的管道材质。

设置好管径和材质参数后，如图 4.3.2-3 所示，将光标移动到喷淋头接口位置，当出现连接提示时，点击鼠标左键确定管道起点，然后沿着预定的管道走向移动鼠标，在需要转弯的位置再次点击鼠标左键确定转折点，继续移动光标直至连接到供水管道，最后点击鼠标左键完成管道绘制。绘制过程中，可通过键盘上的"Esc"键随时取消当前操作，或使用"Ctrl ＋ Z"组合键撤销上一步操作，以便对绘制过程进行调整和修正。喷淋模型展示如图 4.3.2-4 所示。

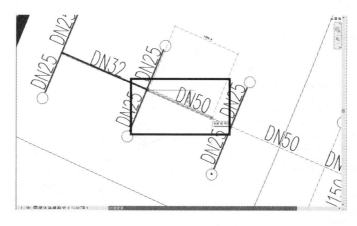

图 4.3.2-3　管道的绘制

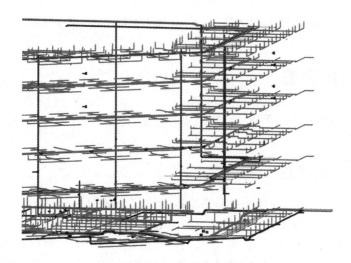

图 4.3.2-4　喷淋模型展示

为确保喷淋管道系统在运行过程中的稳定性，需添加支吊架。该功能需借助外部插件完成，在"橄榄山快模"中寻找支吊架进行安装。

在"支吊架"文件夹中，根据管道的管径、走向以及安装环境等因素选择合适的支吊架族。例如，对于管径较大的主管，可能需要选择承载能力较大的重型支吊架；对于支管，可选用轻型支吊架。如图 4.3.2-5 所示，选中所需支吊架族后，将其从族库浏览器中拖拽至绘图区域的管道上，支吊架会吸附在管道上，并随鼠标移动。

将支吊架移动到合适位置，一般在管道转弯处、连接处、变径处以及跨度较大的位置设置支吊架，以保证管道在运行过程中不会因自重、水流冲击或温度变化等因素而发生下垂、变形或位移。如图 4.3.2-6 所示，放置完成后，可使用鼠标对支吊架的位置和方向进行微调，确保其安装牢固且与管道紧密配合。具体操作方法为：选中支吊架，使用鼠标拖动支吊架的移动控制点（通常为支吊架图形的中心或边角点）来调整位置，通过旋转控制点（如支吊架图形的一角）来调整方向。

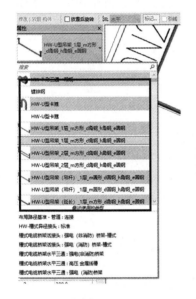

图 4.3.2-5 按需选择不同类型的支吊架

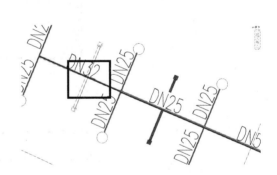

图 4.3.2-6 在管道上点击布置支吊架

4.4 给水系统建模

给水系统建模时需精心布置管道，合理添加水泵与水箱等设备，并通过模拟确保系统运行稳定，满足建筑用水需求。

4.4.1 给水管道的布置与连接

如图 4.4.1-1～图 4.4.1-4 所示，以"给排水一层平面图"的"3-C"交"3-8"两轴处管道为例，点击"系统"面板中的"管道"进入管道绘制状态，在"属性"面板中点击"管道类型"选择"高压区生活给水管"，在"直径"中输入"65"，在偏移中输入"4350.00mm"。点击应用后，在平面图中根据图中的消防管道线，进行两点点击绘制，第一次点击鼠标左键确定起点，第二次点击鼠标左键确定拐点或终点（图 4.4.1-4）。

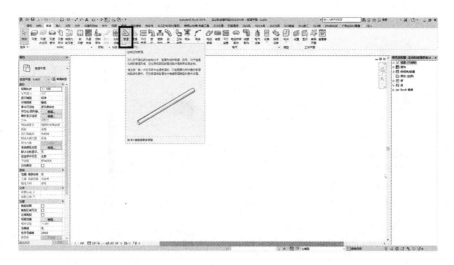

图 4.4.1-1　点击"管道"进行管道绘制

图 4.4.1-2　根据需要选择需要的管道类型

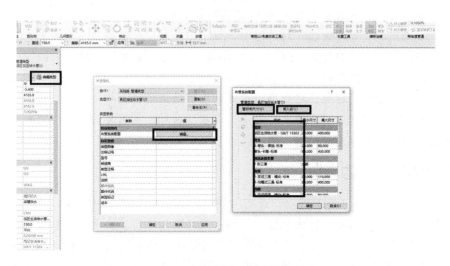

图 4.4.1-3　根据需要进行管道设置

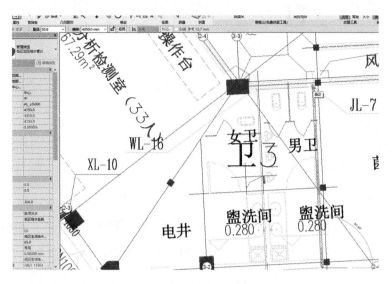

图 4.4.1-4　点击进行管道绘制

点击"系统"选项卡中的"管道"工具，此时鼠标指针变为管道绘制图标样式，表示已激活该工具。切换至建筑平面视图，根据建筑用水点分布（如卫生间、厨房、饮水点等）和水源位置（如市政供水接口、水箱、水泵等），绘制给水管道。

坡度：为保证水流顺畅，给水管一般应具有一定坡度，坡向排水方向。对于生活给水管，坡度不宜小于 0.002～0.005，根据管径大小和实际情况合理取值。例如，管径较小的支管坡度可适当增大，以防止产生气阻现象。在"属性"面板中找到"坡度"参数项，点击其右侧的编辑按钮，可选择手动输入具体的坡度数值，或者点击"拾取"按钮，在建筑模型中选择一个具有合适标高的参考平面。

管径：根据各用水区域的用水量计算确定。如单个卫生器具的给水管径可能为 $DN15$～20，而对于整栋建筑的主干管管径，则需综合考虑所有用水点的总用水量，可能为 $DN50$～150 或更大。在"属性"面板中找到"管径"参数项，点击下拉箭头，从列表中选择与计算结果相符的管径尺寸。如果列表中没有所需的特定管径，可点击下拉列表底部的"编辑类型"按钮，在弹出的"类型属性"对话框中，点击"复制"按钮创建一个新的管径类型，并设置其参数（如外径、壁厚等），然后点击"确定"返回"属性"面板，新创建的管径类型将出现在下拉列表中可供选择。

设置好管道参数后，将鼠标移动到用水点或水源接口位置，当出现连接提示时，点击鼠标左键确定管道起点，然后沿着预定的管道走向移动鼠标，在需要转弯的位置再次点击鼠标左键确定转折点，继续移动鼠标直至到达终点。

4.4.2　水泵与水箱的添加

如图 4.4.2-1～图 4.4.2-3 所示，点击"插入"按钮，在族库中找到"机电"文件夹，选择合适的水泵族和水箱族。将水泵族安装到水泵房等指定位置，将水箱族安装到水箱间或合适的屋顶位置等。如图 4.4.2-4 所示，在安装过程中，可通过鼠标的移动和旋转操作，调整设备的放置方向和位置，使其与建筑空间和管道布局相匹配。例如，对于卧式水泵，应使

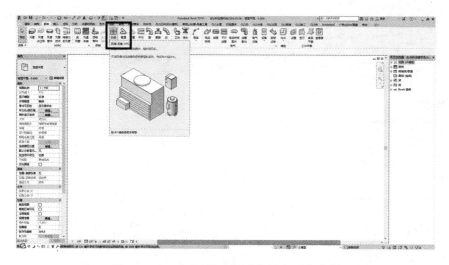

图 4.4.2-1　点击"机械设备"进行设备布置

图 4.4.2-2　进行设备族添加

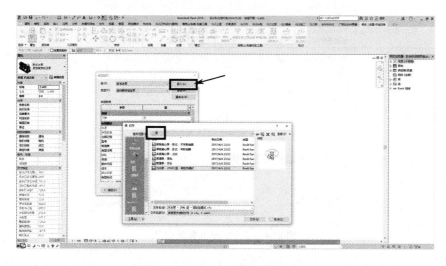

图 4.4.2-3　水泵族的载入

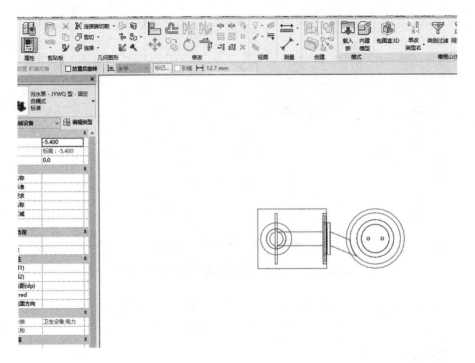

图 4.4.2-4　点击进行水泵族的布置

其进出口方向与连接管道的走向一致；对于水箱，要确保其安装位置便于进水和出水管道的连接，同时考虑水箱的检修和维护空间。

选中水泵，如图 4.4.2-5 所示，在"属性"面板中设置参数。

图 4.4.2-5　水泵族参数设置

高程：根据建筑高度、最不利点用水器具的静水压力要求以及管道阻力损失计算确定，确保水泵能够将水提升到所需高度并满足压力要求。例如，对于多层建筑，扬程可能为20～60m；高层建筑则需更高扬程。在"属性"面板中找到"扬程"参数项，直接输入计算得出的扬程数值。

流量：根据建筑的最大小时用水量确定，保证水泵能够提供足够的水量以满足用水需求。在"属性"面板中找到"流量"参数项，输入相应的流量值，该值可通过建筑的用水定额、用水人数以及用水时间等参数计算得出。

功率：根据扬程和流量计算选择合适的电机功率，确保水泵能够正常运行且节能高效。在"属性"面板中找到"功率"参数项，可点击其右侧的下拉箭头选择合适的功率规格，也可根据水泵的性能曲线和实际运行工况手动输入功率值。如果对功率的计算不确定，可参考水泵厂家提供的产品样本或咨询专业工程师。

选中水箱，设置参数。

容量：根据建筑的用水量储备要求和停水时间等因素计算确定。如居民住宅水箱容量可能为 $10\sim50m^3$，商业建筑根据实际用水情况容量可能更大。在"属性"面板中找到"容量"参数项，输入计算得到的水箱容量值。

标高：根据建筑供水系统设计要求确定水箱底部标高，确保能够利用重力供水至各用水点，同时要考虑水箱间的空间高度和结构承载能力。在"属性"面板中找到"标高"参数项，点击其右侧的编辑按钮，可选择手动输入具体的标高数值，或者通过点击"拾取"按钮，在建筑模型中选择一个参考平面（如屋顶平面、楼板平面等），然后根据设计要求确定水箱相对于该参考平面的高度偏移量，软件将自动计算并设置水箱的标高值。

材质：常见的有不锈钢、玻璃钢等，根据水质要求、使用寿命和成本等因素选择。在"属性"面板中找到"材质"参数项，点击其右侧的下拉箭头，从列表中选择合适的水箱材质。

最后，使用"管道"工具将水泵、水箱与给水管道正确连接，完成效果如图 4.4.2-6 所示。连接时，确保管道与设备的接口紧密对接，无泄漏风险。对于水泵的进出口管道，要注意管道的柔性连接，以减小水泵运行时的振动和噪声传递。例如，可在水泵进出口处安装橡胶软接头等柔性连接部件。连接完成后，检查整个给水系统的管道连接是否顺畅，有无交叉或碰撞的情况，如有问题应及时调整。

图 4.4.2-6　水泵效果展示

4.5 排水系统建模

排水系统建模需合理规划管道走向，准确设置检查口与清扫口，并通过分析确保排水能力满足要求。

4.5.1 排水管道的布置原则

如图 4.5.1-1~图 4.5.1-3 所示，点击"系统"选项卡中的"管道"工具，在建筑平面视图中进行排水管道绘制。根据建筑平面布局、卫生器具排水口位置以及排水方向确定管道走向。

图 4.5.1-1　排水管道的布置

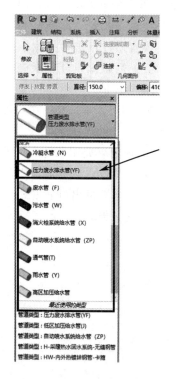

图 4.5.1-2　排水管道的选择

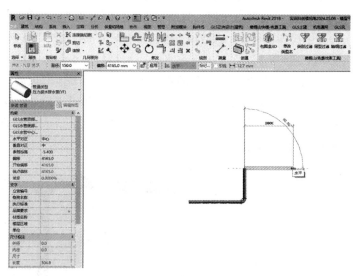

图 4.5.1-3　排水管道的绘制

排水管道必须具有足够的坡度，以确保污水能够在重力作用下顺利排出建筑物。管径与坡度的关系如下：一般情况下，管径 $DN50$ 的排水管道，标准坡度为 0.035；管径为 $DN75$ 时，标准坡度为 0.025；管径为 $DN100$ 时，标准坡度为 0.020。管径越大，在满足排水流速要求的前提下，坡度可适当减小，但不宜过小，以免造成排水不畅或堵塞。在"属性"面板中找到"坡度"参数项，根据管径大小选择相应的标准坡度值，也可根据实际情况进行微调。若需要自定义坡度，可点击"坡度"参数项右侧的编辑按钮，选择手动输入坡度数值，或者通过点击"拾取"按钮，在建筑模型中选择两个具有不同标高的参考点（如地面和地漏位置），软件将自动计算并设置管道的坡度，使其连接这两个参考点。

4.5.2　检查口与清扫口的设置

如图 4.5.2-1～图 4.5.2-4 所示，点击"载入族"按钮，在族库中找到"管道附件"文件夹，选择合适的检查口和清扫口族。

将检查口族放置在排水管道的关键位置，如每一层排水立管的转弯处、连接不同管径管道的部位，以及每隔一定距离（一般不超过 10m）的直线管段上。检查口应易于开启和关闭，方便后期管道维护人员检查管道内部情况。如图 4.5.2-5 和图 4.5.2-6 所示，在放置检查口时，将其拖放到管道上合适的位置后，点击鼠标左键确认放置。可使用鼠标拖动检查口的位置，使其与周围建筑构件保持适当的距离，避免在开启检查口时受到阻碍。同时，检查口的方向应便于操作，通常使其开口方向朝向便于人员操作的一侧。

如图 4.5.2-7 所示，将清扫口族放置在排水横支管的末端，以及容易堵塞的位置（如厨房洗菜池排水支管、卫生间地漏支管等）。清扫口的设置便于在管道堵塞时进行清理，保持排水系统的畅通。放置清扫口的操作方法与检查口类似，将其拖放到指定位置后点击鼠标左键确认，可根据实际情况调整清扫口的位置和方向，确保其能够有效地清理管道内的杂物。

图 4.5.2-1　管道附件的载入

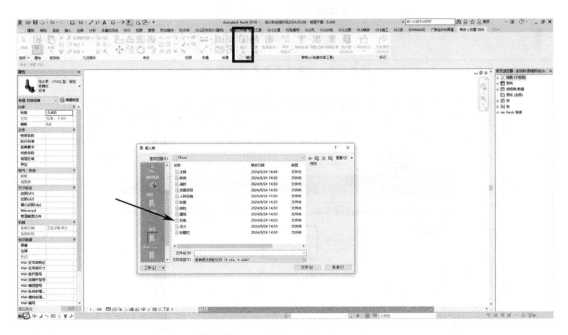

图 4.5.2-2　机电族文件夹

图 4.5.2-3　卫浴附件族文件夹

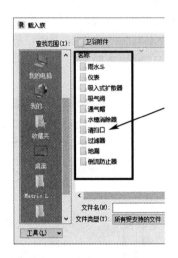

图 4.5.2-4　选择需要的管道附件

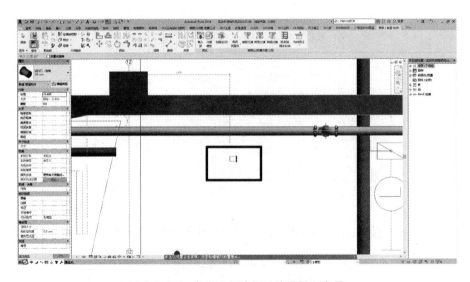

图 4.5.2-5　点击进行清扫口的设置和布置

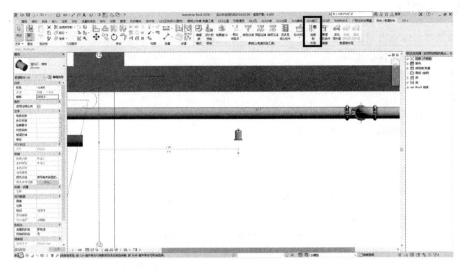

图 4.5.2-6　将管道附件和管道连接

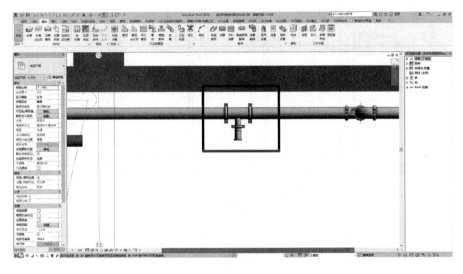

图 4.5.2-7　清扫口布置完成

小结

本章围绕 Revit 机电建模，涵盖机械、电气、管道系统参数化构建。通过"系统"选项卡部署风管、水管等构件，定义材质、管径等参数，结合建筑层高调整标高。强调跨专业协同，利用"碰撞检查"消除管线与结构的冲突，生成协调报告。电气系统部署配电箱、线路，载入设备族关联空间功能；暖通空调匹配平面布局，模拟气流能耗。突出 MEP 与建筑、结构联动，演示从管线综合到系统调试流程，体现 Revit 在复杂机电建模中的高效与精确，为施工提供数据支撑。

练习与拓展

1. 完成某高校实训科创楼给排水图中给水和排水系统的绘制。

2. 完成以下所给条件的练习。

① 根据给出的图纸绘制出建筑形体，建筑层高为3800mm，包括墙、门、卫浴装置等，未标明尺寸不做明确要求。

② 根据管井内各主管位置，自行设计卫生间内的给排水路径，排水管坡度为0.8%，各管线需定义相应的系统，给排水管道穿墙时开洞情况不考虑。

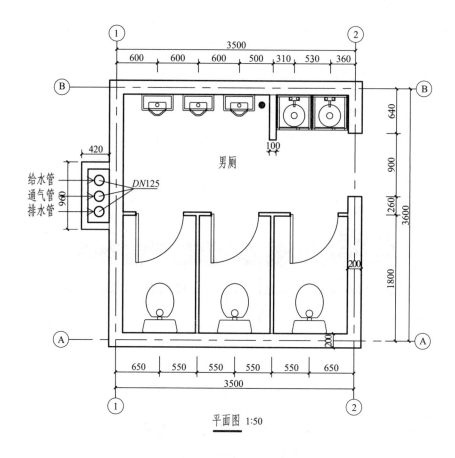

平面图 1:50

第 5 章

暖通空调建模

本章知识导图

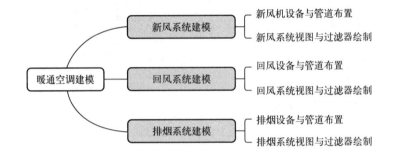

学习目标

了解	1. 项目样板的应用
	2. 各管道系统的建模
	3. 过滤器的创建与设置
熟悉	1. 各基础操作可达效果
	2. 项目案例图纸
应用	1. 各管道系统的建模
	2. 熟练设置过滤器以达到理想效果

第 5 章 暖通空调建模

　　暖通空调系统在打造舒适建筑环境、提升能源利用效率方面扮演着举足轻重的角色，是建筑领域践行创新发展与务实理念的关键环节。在本章的教学中，我们秉持创新与实用相结合的原则，鼓励读者勇于突破传统，大胆尝试新技术、新方法，同时时刻关注成本控制与经济效益，力求在专业学习中达成多维度的平衡。

　　我们将紧密结合暖通空调系统的基本原理，详细讲解如何借助 Revit 软件开展系统建模工作，进行精准的设备选型以及全面深入的性能分析。通过丰富的实际案例分析，引导读者切实理解创新技术如何在提升系统能效方面发挥巨大作用。与此同时，着重启发读者深入思考，在确保系统性能达标的基础上，怎样巧妙运用智慧与策略，有效降低建设和运营成本，实现资源的高效利用。这不仅是专业知识与技能的传授过程，更是对读者创新精神、务实态度以及经济效益意识的全方位培养。期望读者在学习进程中，深刻领悟创新与实用协同发展的价值，为推动建筑行业的可持续发展贡献自身力量。

5.1 新风系统建模

5.1.1 新风机设备与管道布置

5.1.1.1 设备选型与载入

如图 5.1.1-1 所示，点击"插入"选项卡。如图 5.1.1-2 所示，选择"载入族"。在弹出的对话框中，找到新风机设备的族文件（通常为".rfa"格式），根据项目需求选择合适的新风机类型，如离心式新风机、轴流式新风机等，然后点击"打开"，将其载入项目中。

图 5.1.1-1 设备的载入

图 5.1.1-2 风机的选择和载入

如图 5.1.1-3 和图 5.1.1-4 所示，在"构件"中展开"构件类型"，找到载入的新风机族，将其拖拽到绘图区域合适的位置，如设备机房或指定的新风供应区域。放置时可通过鼠标捕捉功能，确保设备与建筑结构或其他设备的相对位置准确，例如，与墙体保持一定距离，便于安装和维护。

如图 5.1.1-5 所示，以"一层空调风平面图"中"3-D"交"3-5"轴处为例，点击"系统"面板中的"机械设备"进行风机的放置，点击风机后在系统面板中点击"连接到"，将风机与管道进行连接。

图 5.1.1-3　风机设备的布置

图 5.1.1-4　风机的选择和布置

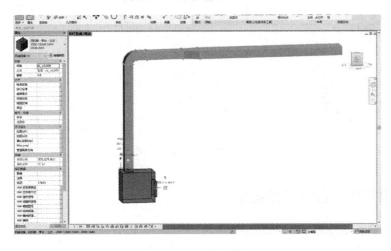

图 5.1.1-5　风机展示

5.1.1.2 管道绘制

如图 5.1.1-6 和图 5.1.1-7 所示，以"一层空调风平面图"中"3-D"交"3-5"轴处为例，点击"系统"选项卡，选择"风管"工具。在"属性"面板中，选择"矩形风管"，并设置风管的尺寸（"宽度"为 1600mm、"高度"为 400mm、"中间高程"为 4650.00mm），"系统类型"为新风系统，通过两点点击进行风管管道的绘制。

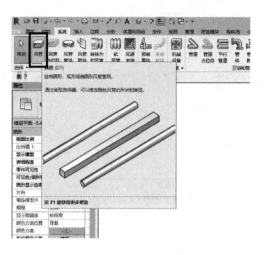

图 5.1.1-6　进行风管绘制

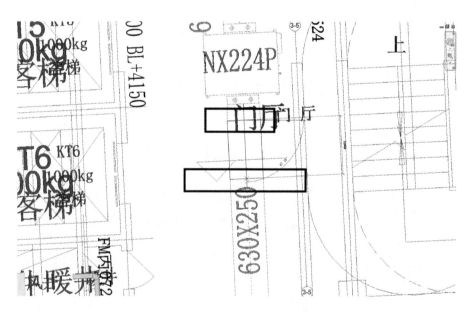

图 5.1.1-7　风管的绘制

5.1.2　新风系统视图与过滤器绘制

5.1.2.1　视图创建与设置

如图 5.1.2-1 所示，点击"视图"选项卡，选择"三维视图"或"平面视图"（根据需要选择合适的视图类型，如创建新风系统平面布置图可选择平面视图，如查看整体效果可选择三维视图），点击"复制视图"，并将名字更改为"新风系统平面图"。在创建的视图中，可如图 5.1.2-2 所示，通过"视图控制栏"调整视图的显示模式（如线框、隐藏线、着色等）、打开或关闭阴影、显示或隐藏裁剪区域等，以优化视图效果，便于查看新风系统模型。例如，在查看管道连接细节时可选择线框模式，在查看整体效果时可选择着色模式。

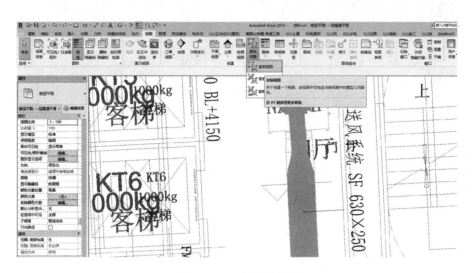

图 5.1.2-1 视图的创建

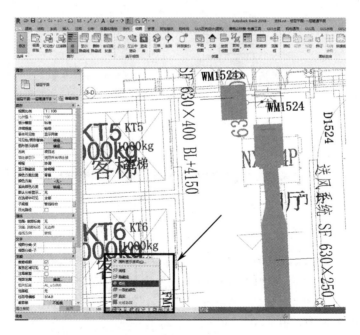

图 5.1.2-2 调整视图显示模式

5.1.2.2 过滤器创建与应用

如图 5.1.2-3 所示，点击"视图"选项卡，选择"图形"面板中的"过滤器"工具。如图 5.1.2-4 所示，在弹出的"过滤器"对话框中，点击"新建"按钮，创建一个新的过滤器，将其命名为"新风系统过滤器"。

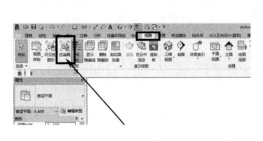

图 5.1.2-3 过滤器的创建（一）

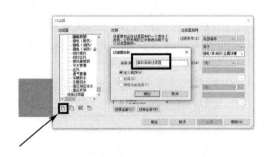

图 5.1.2-4 新风系统过滤器的创建

如图 5.1.2-5 所示，在"过滤器规则"区域，选择"类别"为"风管"（或根据实际情况选择包含新风系统相关构件的类别），然后设置过滤条件，如通过系统类型参数等于"新风系统"来筛选出新风系统的风管。点击"确定"，保存过滤器设置。

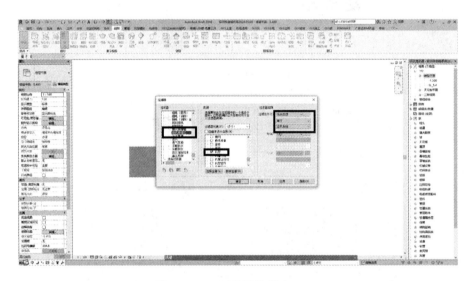

图 5.1.2-5 过滤器的创建（二）

在视图的"可见性/图形替换"对话框（可通过快捷键 VG 或 VV 打开）中，切换到"过滤器"选项卡，如图 5.1.2-6～图 5.1.2-8 所示，将创建的"新风系统过滤器"添加到列表中，并勾选"可见性"复选框，使新风系统相关构件在视图中按照设置的规则显示。同时，可在该对话框中进一步设置过滤器的颜色、线型等显示属性，以便更好地区分新风系统与其他系统。

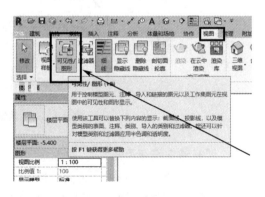

图 5.1.2-6 可见性设置

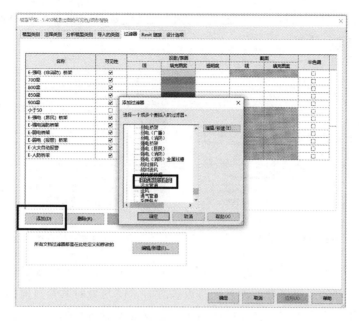

图 5.1.2-7　不同类型的过滤项添加

图 5.1.2-8　新风系统过滤器的设置

5.2　回风系统建模

5.2.1　回风设备与管道布置

5.2.1.1　设备选型与放置

如图 5.2.1-1 所示，类似新风系统设备载入操作，点击"插入"选项卡中的"载入族"，找到回风设备族文件（如回风机、回风百叶等）。如图 5.2.1-2 所示，选择适合项目的设备类型并载入。以"一层通风防排烟平面图"中"2-G"交"2-4"轴处为例，点击"系统"面板中的"机械设备"进行回风设备的放置，点击回风设备后在系统面板中点击"连接到"，将回风设备与管道进行连接。

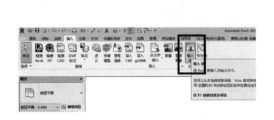

图 5.2.1-1　设备的载入　　　　　　　　　　图 5.2.1-2　风机族的选择和载入

在绘图区域中，如图 5.2.1-3 和图 5.2.1-4 所示，将回风设备拖拽到合适位置，如靠近空调机组或通风区域的回风口处。注意调整设备方向，使其与回风管道连接顺畅，例如确保回风机的进风口朝向正确方向，便于接收回风，完成效果如图 5.2.1-5 所示。

图 5.2.1-3　风机设备的布置

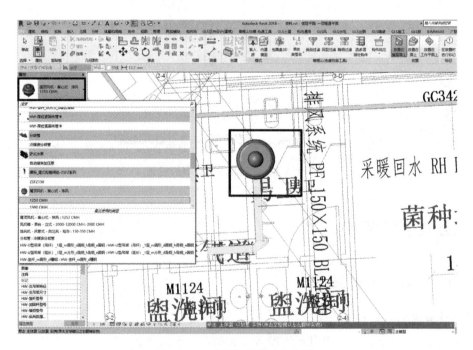

图 5.2.1-4　风机的选择和布置

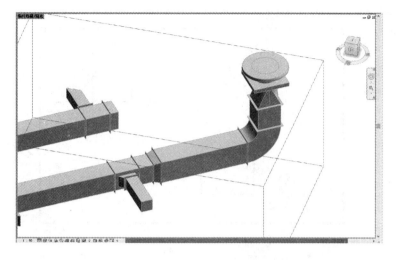

图 5.2.1-5　回风设备与风管连接

5.2.1.2　管道连接与绘制

　　如图 5.2.1-6 和图 5.2.1-7 所示，以"一层通风防排烟平面图"中"2-G"交"2-4"轴处为例，选择"系统"选项卡中的"风管"工具，在"属性"面板中设置回风管道的参数，选择"风管"工具。在"属性"面板中，选择"矩形风管"，并设置风管的尺寸（"宽度"为250mm、"高度"为 200mm、"中间高程"为 4600.00mm），"系统类型"为回风系统，通过两点点击进行风管管道的绘制。

　　从回风设备的进风口开始绘制管道，方法与新风管道绘制类似，确定起点后依次点击转折点和终点完成管道绘制。绘制过程中要注意管道的标高和坡度设置，确保回风能够顺利回到空调机组或通风设备进行处理，如设置一定的向下坡度，便于冷凝水排放（若有冷凝水产生的情况）。

图 5.2.1-6　回风系统管道的设置

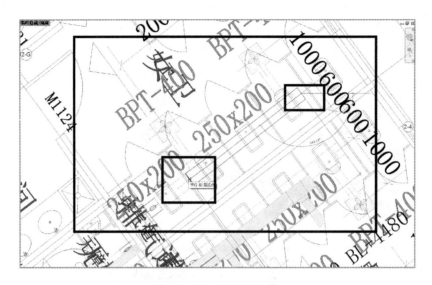

图 5. 2. 1-7　管道的绘制

5.2.2　回风系统视图与过滤器绘制

5.2.2.1　视图定制与调整

按照新风系统视图创建方法，如图 5.2.2-1 所示，点击"视图"选项卡创建回风系统的专用视图，如"回风系统平面图"或"回风系统三维视图"，并设置好视图比例、详细程度等参数。

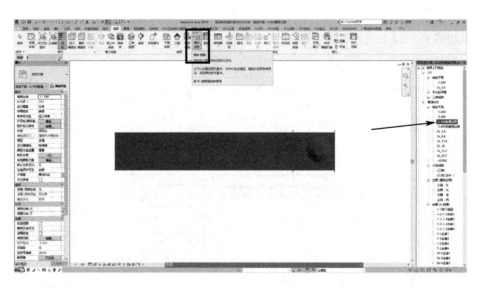

图 5. 2. 2-1　视图的创建

在视图中，如图 5.2.2-2 所示，根据需要调整显示设置，如通过"视图控制栏"调整模型图形样式、打开或关闭相关注释等，以突出回风系统的显示效果。例如，可关闭一些不必要的建筑构件显示，仅显示回风系统相关元素，使视图更加清晰。

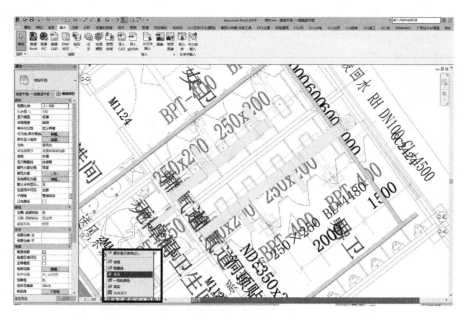

图 5.2.2-2　调整视图的显示样式

5.2.2.2　过滤器配置与应用

再次使用"视图"选项卡中的"过滤器"工具，如图 5.2.2-3 和图 5.2.2-4 所示，新建一个名为"回风系统过滤器"的过滤器。

如图 5.2.2-5 所示，在过滤器规则设置中，选择与回风系统相关的类别（如回风风管、回风设备等），并设置相应的过滤条件，如通过设备类型参数或系统名称参数来准确筛选出回风系统构件。

将创建的"回风系统过滤器"添加到视图的"可见性/图形替换"对话框的过滤器列表中，启用该过滤器并设置其显示属性，如图 5.2.2-6 和图 5.2.2-7 所示，使回风系统在视图中以特定的方式显示，便于与其他系统区分和查看。

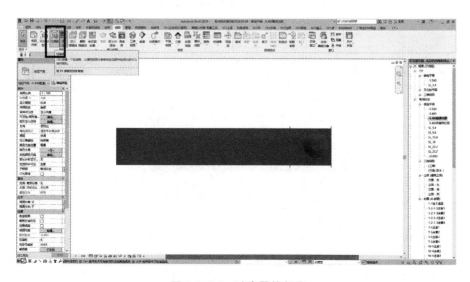

图 5.2.2-3　过滤器的创建

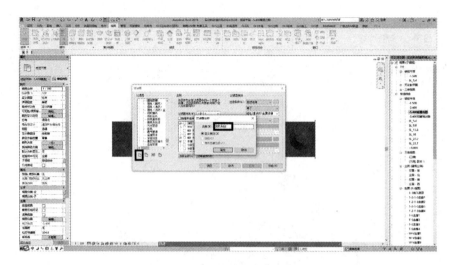

图 5.2.2-4　回风系统过滤器的创建

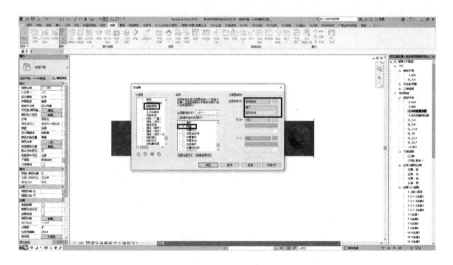

图 5.2.2-5　回风系统过滤器的设置

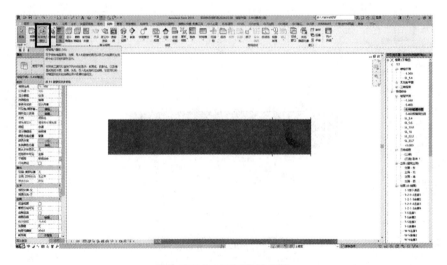

图 5.2.2-6　可见性的设置

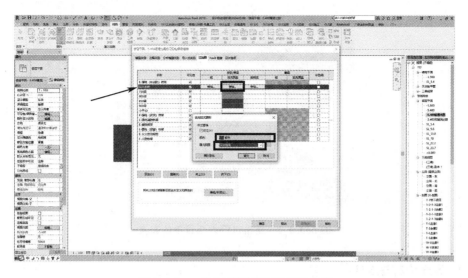

图 5.2.2-7　回风系统过滤项目的设置

5.3　排烟系统建模

5.3.1　排烟设备与管道布置

5.3.1.1　设备放置与定位

如图 5.3.1-1 所示，点击"插入"选项卡的"载入族"，在族库中找到排烟设备族，如排烟风机、排烟口等，选择符合项目设计要求的设备类型载入项目。

将排烟设备拖放到合适的位置（图 5.3.1-2），如建筑物的防烟分区内、疏散通道上方等关键位置。放置时要根据建筑防火规范和设计要求，确保排烟设备的覆盖范围满足排烟需求，例如排烟口之间的距离要符合规定，保证在火灾发生时能够有效排出烟雾。

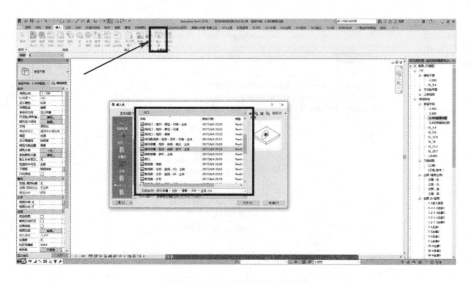

图 5.3.1-1　排烟设备的载入

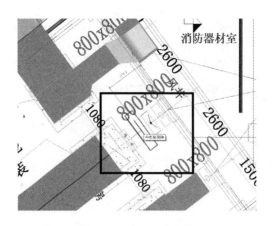

图 5.3.1-2　点击进行排烟设备的布置

5.3.1.2　管道绘制与连接

如图 5.3.1-3 所示，选择"系统"选项卡中的"风管"工具，在"属性"面板中配置排烟管道的参数，如管道类型选择具有防火、耐高温性能的材质（如镀锌钢板风管并符合防火规范要求的厚度），设置合适的管径尺寸，以满足排烟量要求。

如图 5.3.1-4 和图 5.3.1-5 所示，以"地下一层通风防排烟平面图"中"2-E"交"2-4"轴处为例，点击"系统"选项卡，选择"风管"工具。在"属性"面板中，选择"矩形风管"，并设置风管的尺寸（"宽度"为 1600mm、"高度"为 400mm、"中间高程"为4650.00mm），"系统类型"为排风系统，通过两点点击进行风管管道的绘制。

从排烟设备的排烟口开始绘制管道，依次确定管道的起点、转折点和终点，确保管道连接紧密且路径合理，避免出现管道弯折过度或与其他系统碰撞的情况。绘制过程中要注意管道的标高和坡度设置，保证排烟顺畅。一般情况下排烟管道应保持一定的向上坡度，防止烟雾积聚。

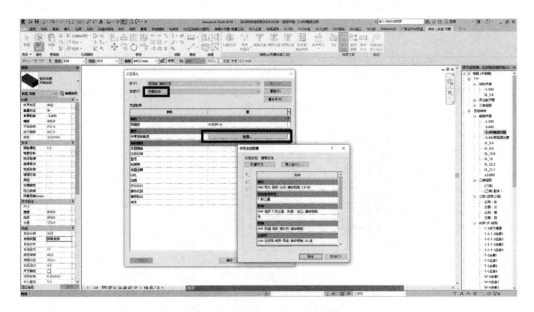

图 5.3.1-3　排烟管道的设置

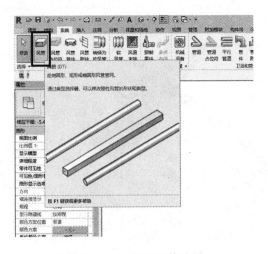

图 5.3.1-4　进行风管绘制

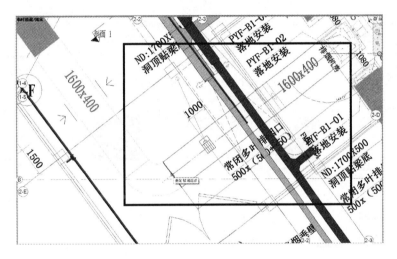

图 5.3.1-5　风管的绘制

5.3.2　排烟系统视图与过滤器绘制

5.3.2.1　视图创建与优化

如图 5.3.2-1 所示，利用"视图"选项卡创建排烟系统的视图，如"排烟系统平面图"或"排烟系统三维视图"，并设置视图比例、详细程度等参数，使视图能够清晰展示排烟系统的布局和细节。

5.3.2.2　过滤器创建与应用

点击"视图"选项卡中的"过滤器"工具，如图 5.3.2-2 所示，新建"排烟系统过滤器"。

在过滤器规则设置中，如图 5.3.2-3 所示，选择与排烟系统相关的类别（如排烟风管、排烟设备等），并设置准确的过滤条件，如通过系统类型参数等于"排烟系统"或设备功能参数来筛选排烟系统构件。

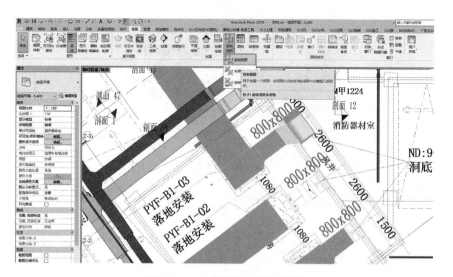

图 5.3.2-1 视图的创建和设置

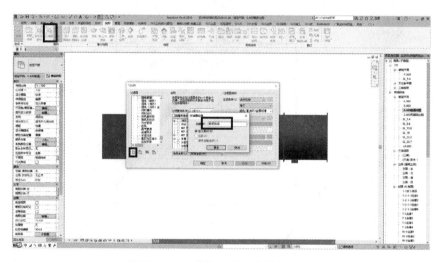

图 5.3.2-2 排烟系统过滤器的创建

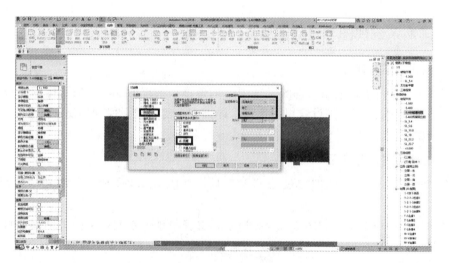

图 5.3.2-3 排烟系统过滤器的设置

将"排烟系统过滤器"添加到视图的"可见性/图形替换"对话框的过滤器列表中，启用并设置其显示属性，使排烟系统在视图中按照设定的规则显示，如图5.3.2-4所示，方便对排烟系统进行查看、分析和管理。

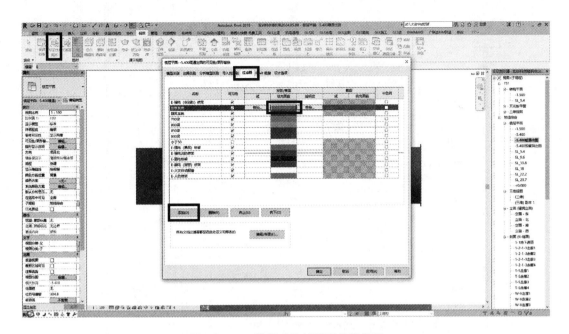

图5.3.2-4 排烟系统过滤项目的设置

小结

本章解析 Revit 族库体系，区分系统族、可载入族、内建族特性。系统族参数可灵活调整，可载入族通过族编辑器构建复杂形体，内建族用于项目特定构件。讲解实例与类型参数，利用"共享参数"实现跨专业数据传递。案例演示自适应族与参数化联动，如幕墙网格变形、窗高联动过梁尺寸。强调族库标准化与复用性，通过参数化设计提升模型灵活性，为全周期信息共享与变更管理奠定基础，体现"数据驱动模型"优势。

练习与拓展

1. 完成某高校实训科创楼暖通系统的绘制。
2. 完成以下所给条件的练习。
① 依据设备表尺寸建立所需的静压箱构件，要求添加风管连接件。
② 建立空调风系统和水系统模型，风管中心对齐，中心标高为3.55m，水管高度由考生自定义，但冷凝水管坡度需在模型中体现，且保证管道之间无碰撞。

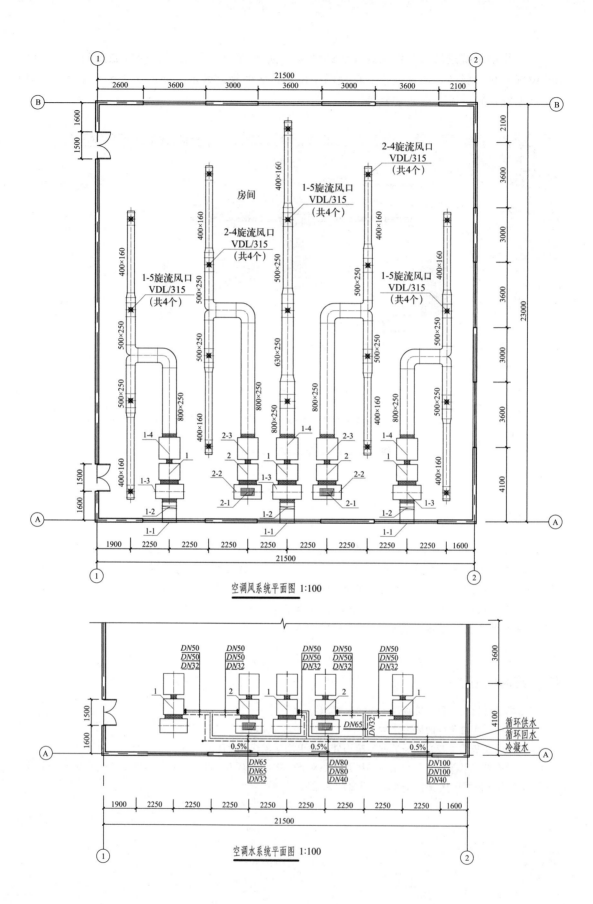

空调风系统平面图 1:100

空调水系统平面图 1:100

第 6 章

建筑电气建模

📱 本章知识导图

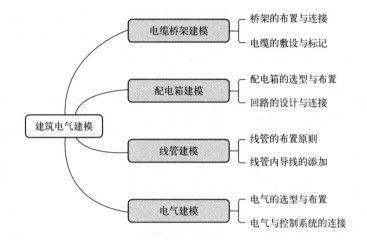

📖 学习目标

了解　1. 电缆桥架与线管的配置
　　　2. 电气的型号与规格
　　　3. 控制系统的闭环

熟悉　1. 各基础操作可达理想效果
　　　2. 控制系统的创建

应用　1. 电缆桥架、线管的建模
　　　2. 线管的导线配置
　　　3. 连接各构件形成回路

扫码观看视频/听语音讲解

第6章 建筑电气建模

　　建筑电气系统作为实现建筑智能化与保障安全的基石，在现代建筑领域占据着极为关键的地位。在本章教学过程中，我们将着重培养读者强烈的安全意识与高度的责任感，使其深刻认识到自身工作对于建筑安全的重大影响。同时，大力强调多专业协作的重要性，让读者明白建筑电气系统并非孤立存在，而是与建筑整体各环节紧密相连。

　　我们将深入介绍建筑电气系统的组成结构以及工作原理，循序渐进地引导读者运用 Revit 软件，精心开展电气布线设计、精准完成设备选型以及严谨实施系统校验等工作。在实训环节，为读者创造充分体验多专业协作的宝贵机会，让大家在实践中学会主动与结构、给排水等不同专业的伙伴沟通交流、协同合作。通过共同努力，全方位确保建筑电气系统的安全稳定运行，为建筑的智能化发展筑牢根基。这不仅是专业知识与技能的深度培养过程，更是对同学们安全责任意识、团队协作精神的全方位塑造，期望同学们在学习进程中，深切领会安全至上、协同共进的价值，为推动建筑行业的高质量发展贡献自己的智慧与力量。

6.1 电缆桥架建模

6.1.1 桥架的布置与连接

6.1.1.1 桥架选型与载入

点击"插入"选项卡，选择"载入族"。如图 6.1.1-1 所示，在弹出的对话框中找到电缆桥架族文件（通常为"．rfa"格式），根据项目需求选择合适的桥架类型，如槽式电缆桥架、梯级式电缆桥架等，然后点击"打开"，将其载入项目中。

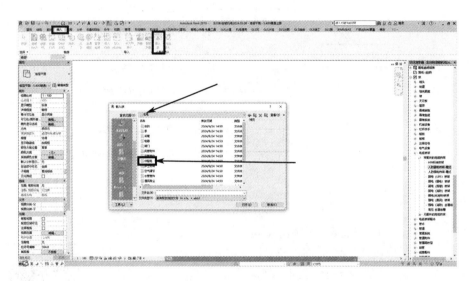

图 6.1.1-1 桥架的选型

在"项目浏览器"中，展开"族"类别，找到载入的电缆桥架族，如图 6.1.1-2 所示，将其拖拽到绘图区域合适的位置，如电气竖井、设备机房或电缆敷设路径上。放置时可通过鼠标捕捉功能，确保桥架与建筑结构或其他设备的相对位置准确，例如与墙体平行或垂直，便于电缆敷设和维护。

6.1.1.2 桥架绘制与连接

如图 6.1.1-3 所示，以"地下一层通风防排烟平面图"中"2-E"交"2-4"轴处为例，点击"系统"选项卡，选择"风管"工具。在"属性"面板中，选择"矩形风管"，并设置风管的尺寸（"宽度"为 1600、"高度"为 400、"中间高程"为 4650.00mm），"系统类型"为排风系统，通过两点点击进行风管管道的绘制。

以"五层配电平面图"中"3-C"交"3-8"轴处为例，点击"系统"选项卡，选择"电缆桥架"工具。在"属性"面板中，选择"带配件的电缆桥架-强电（非消防）桥架"，并设置桥架的尺寸（宽度为400mm、高度为150mm、偏移3625.00mm），设备类型为电力。通过两点点击进行电缆桥架的绘制，确保电缆有足够的空间敷设。

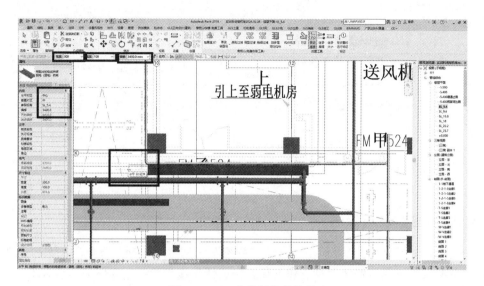

图 6.1.1-2　电缆桥架的绘制

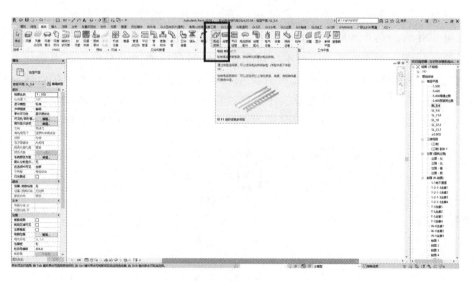

图 6.1.1-3　电缆桥架的设置和绘制

将鼠标移至起点位置，点击鼠标左键确定电缆桥架的起点。然后沿着设计的电缆桥架走向移动鼠标，在需要转弯的位置再次点击鼠标左键确定转折点，继续移动鼠标直至连接到各个用电设备或其他电缆桥架分支处，最后点击鼠标左键完成电缆桥架绘制（图6.1.1-4）。绘制过程中可通过键盘上的"Esc"键随时取消当前操作，或使用"Ctrl ＋ Z"组合键撤销上一步操作进行调整。在连接不同段桥架时，要确保连接处紧密对接，避免出现缝隙或错位，影响电缆敷设和系统运行。

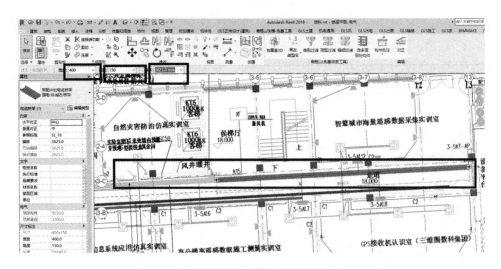

图 6.1.1-4 电缆桥架的绘制

6.1.2 电缆的敷设与标记

如图 6.1.2-1 和图 6.1.2-2 所示，点击"系统"选项卡，选择"导管"工具（软件中没有直接的电缆敷设工具，需要通过创建电缆路径或使用线管代替电缆路径，然后将电缆作为线管内的导线进行敷设）。在"属性"面板中，选择合适的电缆类型，如电力电缆、控制电缆等，并设置电缆的规格（如芯数、截面积）、额定电压、敷设方式等参数。

确定电缆导管的起点和终点，起点通常为配电箱、配电柜等电源设备的出线端，终点为用电设备的进线端。如图 6.1.2-3 所示，将鼠标移至起点位置，点击鼠标左键确定起点，然后沿着电缆桥架路径移动鼠标，在需要分支或转弯的位置进行相应操作，直至到达终点位置，再次点击鼠标左键完成电缆敷设。在敷设过程中，要注意电缆的弯曲半径不能过小，以免损坏电缆绝缘层，同时要避免电缆交叉或重叠，确保电缆敷设整齐、有序。

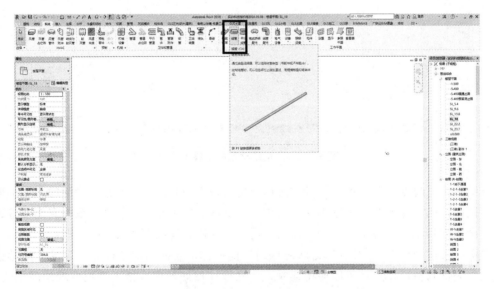

图 6.1.2-1 电缆的敷设

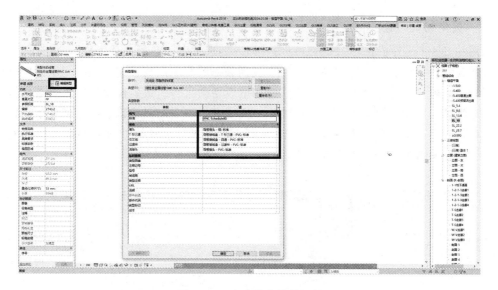

图 6.1.2-2　电缆线管的设置

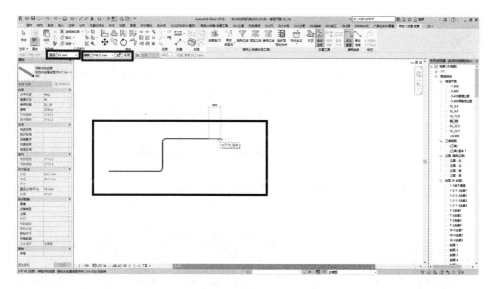

图 6.1.2-3　电缆线管的布置

6.2　配电箱建模

6.2.1　配电箱的选型与布置

6.2.1.1　配电箱的选型

根据项目的用电负荷、回路数量、使用场所等因素，选择合适的配电箱类型和规格。例如，对于住宅项目，可选择小型配电箱，以满足家庭用电需求；对于商业建筑或工业厂房，可能需要选择较大型的配电箱，并根据不同的用电区域和设备分组设置回路。在选择配电箱时，要参考相关的电气设计规范和标准，确保配电箱的性能和容量符合项目要求。

6.2.1.2 配电箱的布置

如图 6.2.1-1～图 6.2.1-3 所示，点击"插入"选项卡，选择"载入族"，将选定的配电箱族文件载入项目中。在"项目浏览器"中找到载入的配电箱族，将其拖拽到绘图区域合适的位置，如配电室、电气竖井、设备机房或用电设备附近等。放置配电箱时，要考虑操作方便、便于维护和检修，同时要符合电气安全距离要求，避免与其他设备或管道发生碰撞。例如，配电箱与易燃物之间的距离应符合防火规范要求，与水管等管道应保持一定的安全距离，防止因漏水等原因影响配电箱正常运行。

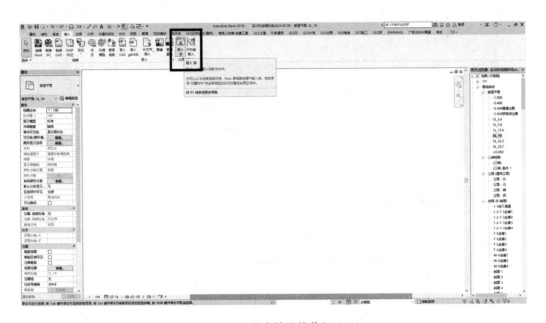

图 6.2.1-1　配电箱族的载入（一）

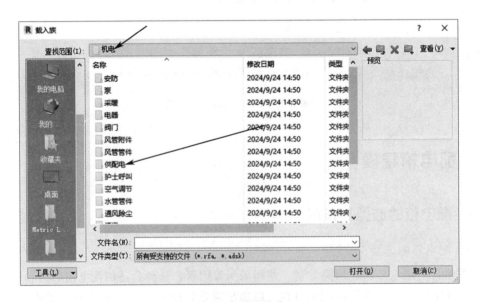

图 6.2.1-2　配电箱族的载入（二）

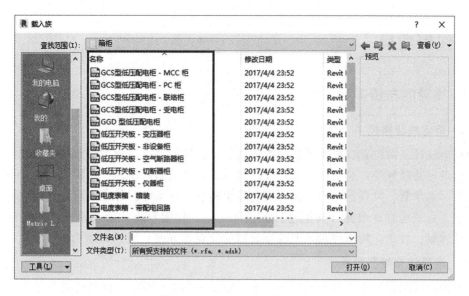

图 6.2.1-3 配电箱族的选择

6.2.2 回路的设计与连接

6.2.2.1 回路设计

根据用电设备的功率、数量和分布情况，设计配电箱的回路。确定每个回路的用途，如照明回路、插座回路、动力回路等，并计算每个回路的电流大小，选择合适的电线规格和断路器的额定电流。在设计回路时，要遵循电气设计原则，如照明回路和插座回路应分开设置，不同功率的动力设备应单独设置回路，以确保电路的安全性和可靠性。

6.2.2.2 回路连接

在配电箱模型中，找到配电箱的进线端和出线端。如图 6.2.2-1 和图 6.2.2-2 所示，点击"系统"选项卡，选择"电气设备"工具（或根据软件版本可能有类似的连接工具），从电源设备（如变压器、配电柜等）引出电缆或电线，连接到配电箱的进线端。然后，从配电箱的出线端引出电缆或电线，连接到各个用电设备或其他配电箱（如果有配电箱级联的情况）。

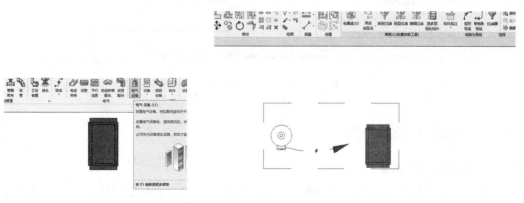

图 6.2.2-1 回路连接   图 6.2.2-2 回路连接的操作

6.3 线管建模

6.3.1 线管的布置原则

6.3.1.1 确定线管路径

根据电气设备的位置、电缆桥架的走向以及建筑结构特点，规划线管的敷设路径。线管应尽量沿最短路径敷设，避免迂回和绕线，以减少线路电阻和电压降。同时，要考虑与其他专业管道（如水管、风管等）的协调，避免发生碰撞。在确定路径时，可以使用软件的三维视图功能，直观地查看线管与其他构件的空间关系，提前发现并解决潜在的碰撞问题。例如，在穿越梁、柱等结构构件时，要选择合适的位置和方式，避免对结构造成破坏。

6.3.1.2 选择线管类型和规格

根据敷设环境、电缆类型和数量等因素，如图 6.3.1-1 所示，选择合适的线管类型，如镀锌钢管、PVC 管等。镀锌钢管具有较好的机械强度和防火性能，适用于对防护要求较高的场所；PVC 管则具有成本低、施工方便等优点，常用于一般民用建筑。同时，要根据电缆的外径和数量，选择合适的线管规格，确保线管有足够的空间容纳电缆，并满足散热要求。一般情况下，线管的内径应不小于电缆外径之和的 1.5 倍。在软件中设置线管参数时，要准确输入线管的类型、外径、壁厚等信息，以便软件进行正确的计算和显示。

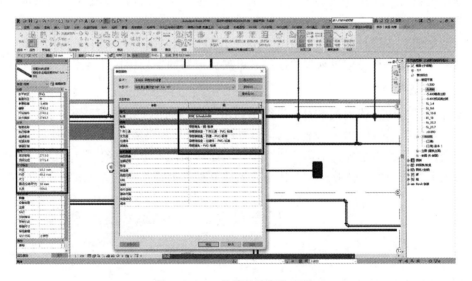

图 6.3.1-1　线管的选择和设置

6.3.2 线管内导线的添加

6.3.2.1 导线选型与设置

点击"系统"选项卡，选择"导线"工具（若软件中没有直接的导线工具，可通过创建线管路径后，如图 6.3.2-1 所示，将导线作为线管的属性或在管内进行添加）。在"属性"面板中，根据电气设计要求和回路功能，如图 6.3.2-2 所示，选择合适的导线类型。

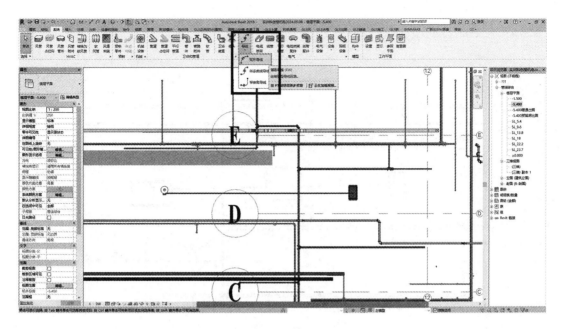

图 6.3.2-1　导线的布置

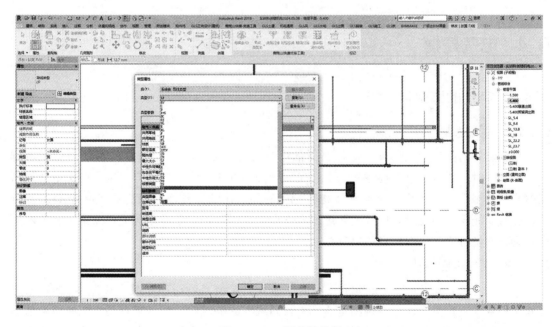

图 6.3.2-2　导线的选择

6.3.2.2　导线敷设

如图 6.3.2-3 所示，确定导线的起点和终点，起点通常为配电箱的出线端，终点为用电设备的接线端。将鼠标移至起点位置，点击鼠标左键确定起点，然后沿着规划好的线管路径移动鼠标，在需要分支或转弯的地方进行相应操作。

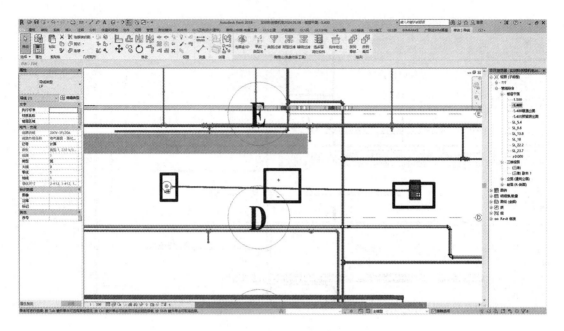

图 6.3.2-3　导线的敷设

6.4　电气建模

6.4.1　电气的选型与布置

6.4.1.1　电气选型

根据建筑功能和用电需求，选择合适的电气设备，如灯具、插座、开关、空调、电梯等。在选型时，要考虑电气设备的功率、尺寸、安装方式、防护等级等因素，确保电气设备能够满足使用要求，并且与建筑环境相匹配。例如，在潮湿环境中应选择防水型插座和开关；在有爆炸危险的场所，应选用防爆型电气设备。同时，要参考相关的产品样本和技术资料，选择质量可靠、性能稳定的电气产品。

6.4.1.2　电气布置

如图 6.4.1-1 和图 6.4.1-2 所示，点击"插入"选项卡，选择"载入族"，将选定的电气族文件载入项目中。在"项目浏览器"中找到载入的电气族，将其拖拽到绘图区域合适的位置，如房间内的灯具应布置在照明需求合理的位置，插座应根据使用方便的原则布置在靠近用电设备的地方。放置电气设备时，要注意其高度、方向和与周围物体的距离，要符合人体工程学和电气安全要求。例如，插座的安装高度一般距地面 0.3～0.5m，灯具的安装高度应根据照明场所和灯具类型确定，以避免眩光和产生阴影。

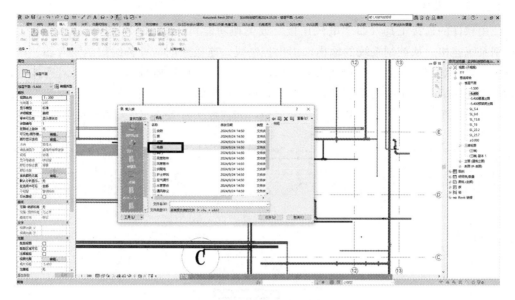

图 6.4.1-1　电气设备族的载入

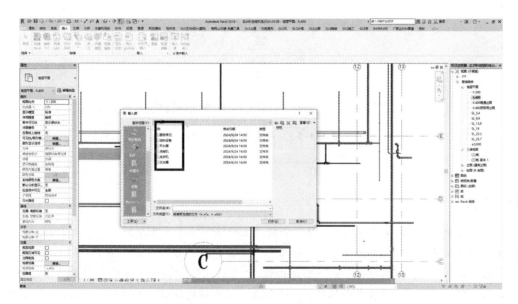

图 6.4.1-2　电气设备族的选择和载入

6.4.2　电气与控制系统的连接

6.4.2.1　控制系统设置

根据电气设备的控制要求，设置相应的控制系统，如照明控制系统、空调控制系统、电梯控制系统等。在软件中，通过创建控制逻辑、设置控制参数等方式实现对电气设备的控制。例如，对于照明系统，可以设置定时开关、调光控制等功能；对于空调系统，可以设置温度控制、风速调节等功能。在设置控制系统时，要确保控制信号的传输准确可靠，避免出现误动作或失控现象。

6.4.2.2 连接操作

使用软件的连接工具（如"电气连接"或类似功能），如图 6.4.2-1 所示，将电气设备与控制系统连接。从控制系统的输出端引出控制线，连接到电气设备的控制输入端。在连接过程中，要注意控制线的类型和规格的选择，以确保信号传输质量。同时，要对连接进行标记和注释，明确各控制线的功能和连接关系，便于后期维护和管理。例如，在控制线上添加标签，注明其控制的电气设备和控制信号类型，如"照明开关 1-开/关信号"等。

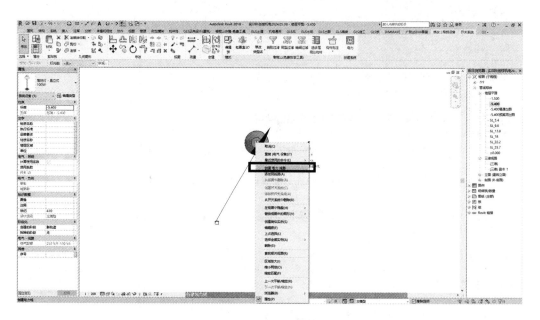

图 6.4.2-1 各电力装置的连接

 小结

本章聚焦 Revit 协同设计与成果交付，通过"工作集"划分专业模块，基于"中心文件"实时同步，借"权限控制"避免冲突。"链接模型"支持跨软件数据互认，导入/导出实现平台协同。成果交付中，用"视图样板"统一图纸样式，"明细表"自动统计构件，生成碰撞报告。强调参数化出图，模型修改同步更新图纸，减少误差。结合实训科创楼演示从协同建模到竣工交付流程，提升团队效率与成果标准化水平，满足多专业协同需求。

练习与拓展

1. 完成某高校实训科创楼电气系统的绘制。

2. 完成以下所给条件的练习。

① 根据以下给出的图纸创建建筑模型，建筑层高 4m，建筑模型包括轴网、墙、门、窗、楼板等相关构件，要求尺寸、位置正确。

② 根据以下给出的图纸建立照明模型，按要求添加灯具、开关和照明配电箱，灯具高度为 3.3m，将办公室、走道、会议室灯具及开关分为三个电力系统与配电箱连接，按图中所示连接导线。

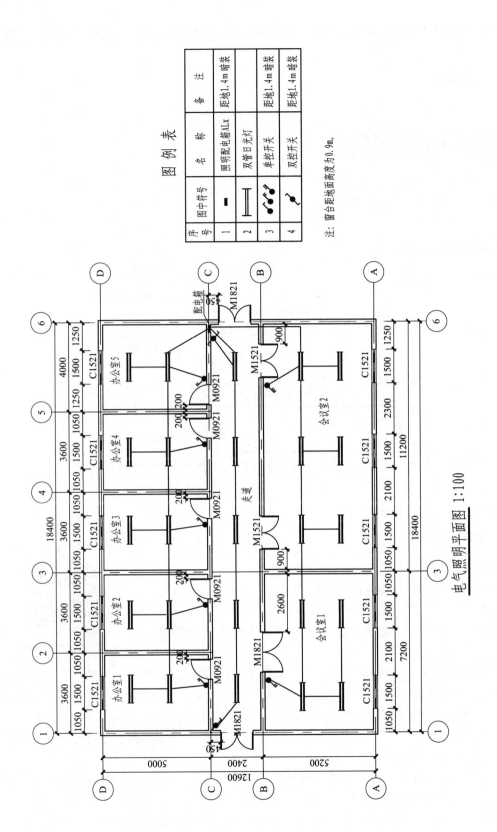

图 例 表

序号	图中符号	名 称	备 注
1	—	照明配电箱AL.x	距地1.4m暗装
2	⊥	双管日光灯	
3	⤲⤳	单控开关	距地1.4m暗装
4	⤳	双控开关	距地1.4m暗装

注：窗台距地面高度为0.9m。

电气照明平面图 1:100

第 7 章

场地布置建模

📡 **本章知识导图**

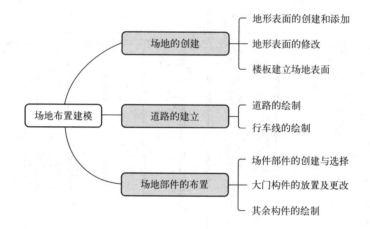

📚 **学习目标**

扫码观看视频/听语音讲解

了解	1. 了解 Revit 插件的安装
	2. 对插件有一定的了解
熟悉	可以熟练利用插件完成场地布置
应用	可以独立完成样例文件场地布置部分建模

第7章 场地布置建模

　　本章围绕 Revit 场地布置建模展开，涵盖场地的创建、道路的建立及场地部件的布置三部分内容。场地创建时，可通过"体量与场地"选项卡的"地形表面"工具放置点构建基础地形，借助模型线或参照平面规划场地轮廓，确保地形构建准确。针对复杂项目，可在结构选项卡中用楼板创建地形，设置"场地-土"材质，厚度设为地形高差并勾选可变，通过修改子图元调整点、线高度，实现精细化建模。

　　道路的建立需在结构选项卡中新建楼板并命名，设置道路材质后绘制轮廓；对于行车线，可从构件坞搜索对应族文件，选择合适类型后直接布置，支持顶点拖拽调整。对于场地部件的布置，需先在族文件中通过拉伸、融合等方法建模，保存为".rfa"文件后载入项目，如对于大门构件，可双击进入族文件编辑，添加模型文字并调整字体、位置，修改后同步至项目。布置时应确保地形数据准确、部件布局符合规范，避免冗余构件，优先使用 Revit 自带或优化的族文件以提升模型性能。

7.1 场地的创建

7.1.1 地形表面的创建和添加

在 Revit 中进行场地建模，首先要进入场地楼层平面视图。在"体量与场地"选项卡中选择"地形表面"（图 7.1.1-1），然后点击"放置点"（图 7.1.1-2）。此时，鼠标指针变为放置点状态，在绘图区域中，每点击一次就会创建一个点，这些点共同组成场地的"面"。放置点时，可根据实际场地的地形数据，如地形测绘图中的坐标点，精确放置点的位置。放置完成后点击"√"即可完成场地创建。

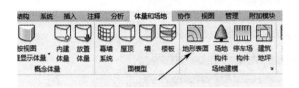

图 7.1.1-1　地形表面的选择

图 7.1.1-2　放置点位置

注意：为保证场地美观且符合设计要求，一般在建设前会用模型线或参照平面先绘出场地大概形状作为参考。例如，使用模型线绘制出场地的边界轮廓，确定场地的范围；或创建参照平面，辅助确定放置点的位置和高度。这样在放置点时，能更准确地构建场地地形，避免后续大量的修改工作。

7.1.2 地形表面的修改

点击已建好的场地平面，场地的属性栏会显示出来，在属性栏里可更改其材质。例如，将场地材质从默认的"草皮"更改为"混凝土"，只需在材质选项中选择"混凝土"即可，更改材质后场地在模型中的显示效果会相应改变。

若要对场地地形进行调整，可在"修改地形"选项卡中选择"重新编辑表面"（图 7.1.2-1）。进入编辑状态后，可通过添加、删除点或调整点的高程等操作修改场地的地形起伏。比如，添加点可增加地形的细节，删除点可简化地形；选中点后，在属性栏中修改"高程"参数，可调整点的高度，从而改变地形的坡度和形状，满足场地排水、景观等设计要求。

图 7.1.2-1　重新编辑表面

7.1.3 楼板建立场地表面

对于相对复杂的项目，单纯使用地形表面已无法满足项目要求时，可选用楼板来创建更为复杂的地形。

在"结构"选项卡中选择楼板选项，新建楼板并将名称改为地形（图7.1.3-1）。在"构造-结构"中编辑楼板结构材质为场地-土（图7.1.3-2）。厚度更改为场布模型最高点与最低点之差即可，如图7.1.3-2中为8000mm厚。同时勾选可变（图7.1.3-3），将使得板可以自由变动。

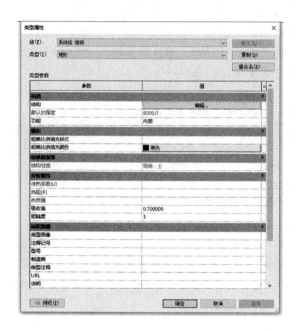

图7.1.3-1　新建地形

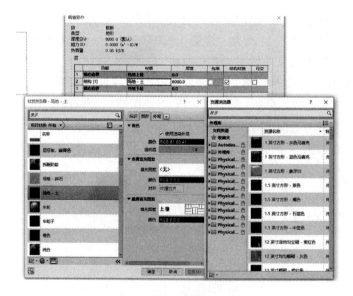

图7.1.3-2　结构材质更改

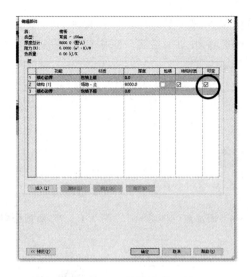

图 7.1.3-3　编辑部件设置

设置完成后，根据需求绘制楼板，绘制完成后，点击楼板，在"修改"选项卡下选择修改子图元即可进入子图元的修改（图 7.1.3-4）。

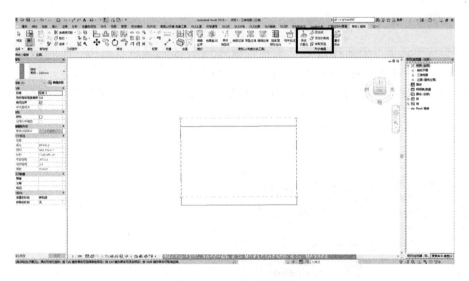

图 7.1.3-4　修改子图元

① 点击修改子图元，任意点击一点，即可将此点设置为想要的高度（图 7.1.3-5）。

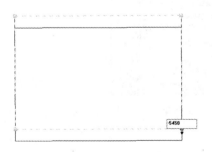

图 7.1.3-5　点高度的修改

② 点击添加点，可自由添加图元上的点，使板更加自由多变（图7.1.3-6）。

③ 添加分割线，可在图元中添加一条线，图中任意线条均可修改高度（图7.1.3-7）。

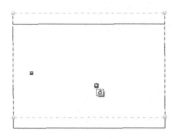

图 7.1.3-6　添加点

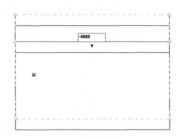

图 7.1.3-7　添加分割线及高度修改

注：编辑类型中编辑部件是否勾选可变的区别（图7.1.3-8）。

图 7.1.3-8　是否勾选可变

7.2　道路的建立

7.2.1　道路的绘制

在"结构"选项卡中选择楼板，新建楼板并重命名为道路，点击"编辑类型-构造-结构-编辑"，将材质改为道路，厚度为任意即可，如图7.2.1-1所示。

道路创建完成后，在图中绘制出道路的轮廓，点击"确认"绘制出道路（图7.2.1-2）。

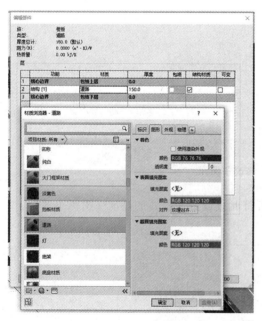

图 7.2.1-1　道路部件的创建

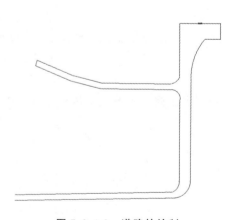

图 7.2.1-2　道路的绘制

7.2.2　行车线的绘制

在构件坞中搜索并选择行车线，载入项目中，直接绘制即可。

以行车虚线为例，搜索并选择行车虚线（图 7.2.2-1），点击"布置"按钮（图 7.2.2-2），软件自动跳转至族类型的选择，选择合适的类型，点击"布置"按钮，软件会自动跳转至 Revit 中进行绘制，不同族有着不同的绘制方法，如本次选择的是行车虚线，可直接拉线绘制，如图 7.2.2-3 所示。

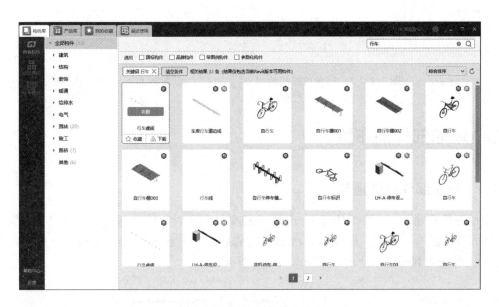

图 7.2.2-1　行车虚线的选择

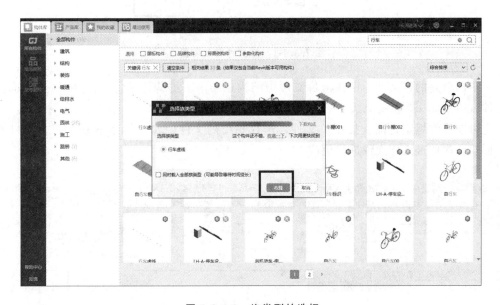

图 7.2.2-2　族类型的选择

绘制完成后，拖拽顶点的圆点即可将行车虚线进行调整，如图 7.2.2-4 所示。

图 7.2.2-3　行车虚线的绘制　　　　　　图 7.2.2-4　行车虚线的更改

7.3　场地部件的布置

7.3.1　场地部件的创建与选择

场地部件的建立，主要为使用 Revit 创建族文件，在族文件中创建相应模型。在族文件中利用拉伸、融合、旋转、放样等方法创建完成后，点击载入到项目选项，即可将做好的".rfa"文件载入到项目中使用，如图 7.3.1-1 所示。

图 7.3.1-1　族文件载入项目

对于已创建的族文件，可在项目文件中结构选项卡下的构件-放置构件中找到并选择相应构件（图 7.3.1-2 和图 7.3.1-3）。

也可在构件坞中直接查找相关文件，选择想要的文件，如文件并不完全符合项目的需求，可双击构件进入族文件进行更改。

图 7.3.1-2　族文件的再次使用

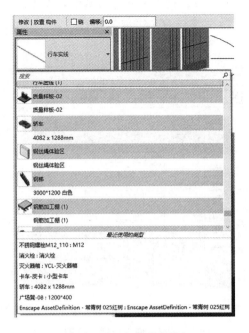

图 7.3.1-3　族文件的选择

7.3.2　大门构件的放置及更改

在构件坞中搜索大门，选择合适的大门，选择"族类型-布置"（图 7.3.2-1），将大门布置至合适的位置。

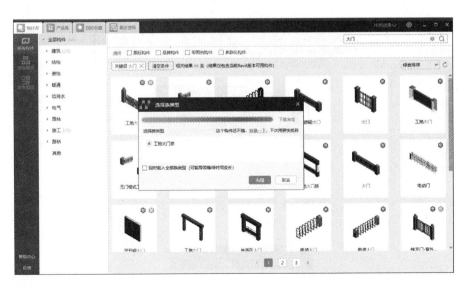

图 7.3.2-1　大门族类型的选择

放置完成后，双击大门，软件即自动跳转至大门的族文件，进行编辑。

在"创建"选项卡中选择模型文字，即可添加文字，输入需要的文字，点击大门中需要放置文字的位置，为大门编辑文字，如图 7.3.2-2 所示。

放置完成后（图7.3.2-3），点击模型文字进行修改，点击修改选项卡下的拾取新的工作平面（图7.3.2-4），即可将已经建好的文字放置于想要的平面之上。更改工作平面完成如图7.3.2-5所示。

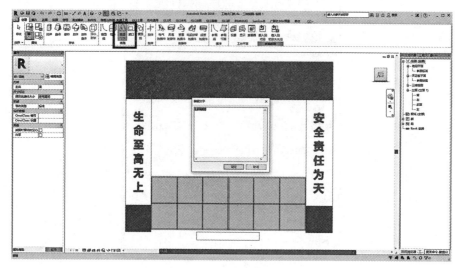

图 7.3.2-2　插入模型文字的选择

图 7.3.2-3　文字的放置

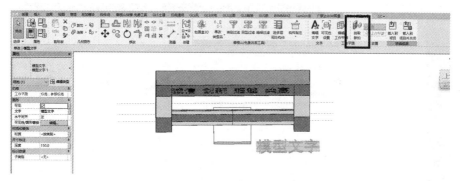

图 7.3.2-4　拾取新的工作平面

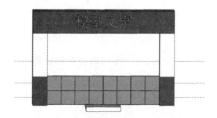

图 7.3.2-5　更改工作平面完成

点击文字，在编辑类型中可进行文字的字体、大小、粗体及斜体的设置（图 7.3.2-6）。

图 7.3.2-6　文字的设置

注：如需将文字改为竖向，在输入文字时如图 7.3.2-7 所示更改即可。

当大门族编辑完成后，点击"载入到项目中-覆盖现有版本及其参数值"选项（图 7.3.2-8），即可将族文件中的修改内容同步至项目文件。

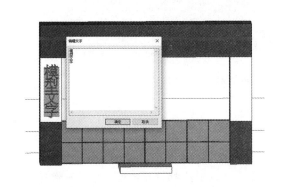

图 7.3.2-7　竖向文字的更改及成果

图 7.3.2-8　同步族与项目

7.3.3　其余构件的绘制

诸如塔吊、围墙、工房、施工器械等施工类构件，亦可通过构件坞平台检索所需构件族文件进行布置。

若具备场地布置图纸，可直接将其导入软件系统，依据图纸内容及标注要求进行构件布置；若无现成图纸需自行规划时，应遵循相关规范标准与项目实际需求合理安排。

在导入地形数据和布置场地部件时，要确保数据的准确性。地形数据的高程信息、场地部件的尺寸参数等，都应该与实际情况相符。

场地部件的布局要符合实际使用和设计规范。例如，停车场的出入口要设置在合理的位置，方便车辆进出；消火栓的布置要符合消防规范的要求，确保在紧急情况下能够及时使用。在布置过程中，要充分考虑场地的功能需求和人流、车流的走向。

在布置场地部件时，避免放置过多不必要的构件。过多的构件会增加模型的复杂度和文件大小，导致软件运行速度变慢。对于一些对整体效果影响不大的细节构件，可以根据实际情况选择是否添加。

尽量使用 Revit 自带的或经过优化的构件族。这些构件族在模型结构和参数设置上通常更加合理，能够提高模型的性能。对于自定义的构件族，要确保其在模型中的使用不会导致性能问题。

成果样例展示如图 7.3.3-1 所示。

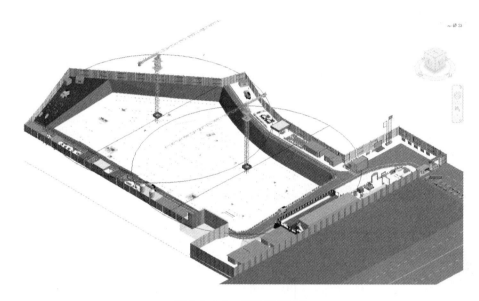

图 7.3.3-1　成果样例展示

 小结

本章聚焦 Revit 场地布置建模，系统讲解核心操作。场地创建时，可通过"体量与场地"选项卡放置点构建地形表面，用模型线或参照平面规划轮廓，还能修改材质、调整点高程；对于复杂项目，可用楼板创建地形，设置"场地-土"材质与合适厚度，勾选"可变"后修改子图元。对于道路建立，需用楼板工具设材质、绘制轮廓，行车线从构件坞选族布置。对于场地部件，需在族文件中创建后载入项目，如大门，可编辑文字并同步修改。布置时应确保数据准确、布局规范，为 BIM 应用奠定基础。

✏ 练习与拓展

1. 绘制顶标高为 ±0mm，底标高为 −3000mm，2000mm×2000mm 大小的基坑。
2. 根据以下图纸，绘制样板文件中的道路及场部构件。

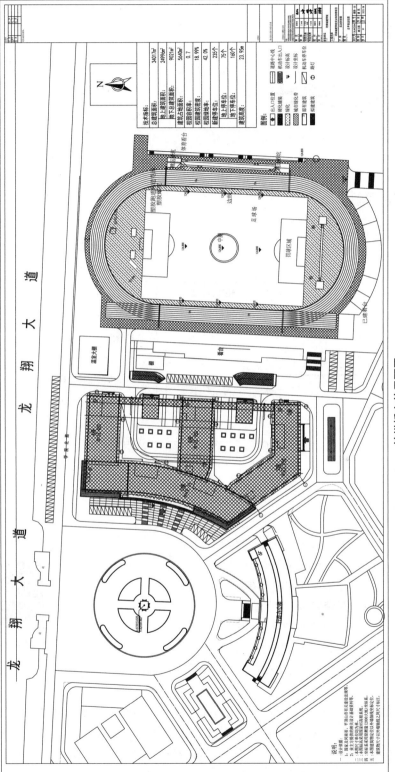

某样板文件平面图

第8章

BIM 成果输出

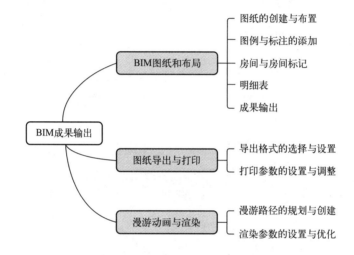

学习目标

了解　1. BIM 成果输出的内容
　　　　2. 可输出成果的格式

熟悉　1. 各需求成果的创建
　　　　2. 漫游路径的创建
　　　　3. 渲染参数的效果调整

应用　1. 输出可使用的 BIM 成果
　　　　2. 各成果熟练设置并进行成果文件输出

扫码观看视频/听语音讲解

第8章 BIM成果输出

　　BIM 成果输出作为 BIM 技术落地应用的关键环节，不仅直观体现了个人的技术能力，更是团队协作效能与项目管理水平的综合展现。在本章教学过程中，我们着重强化成果输出的规范性与实用性，积极培养读者的创新意识，激发持续学习的内在动力，助力读者在专业领域不断深耕。

　　本章会系统介绍 BIM 成果的导出格式、前沿的渲染技巧以及多样化的展示方法，指导读者掌握制作高质量 BIM 成果报告的方法，培养严谨的工作态度。借助丰富的案例分析，让大家深入理解 BIM 成果在项目决策、施工管理、运维管理等各个阶段的应用价值，鼓励读者大胆探索 BIM 技术在不同场景、不同领域的创新应用，突破常规，勇于尝试新的应用模式。

与此同时，我们还会模拟真实的项目场景，让读者充分体验团队协作的过程，在实践中学会如何与团队成员有效沟通、分工协作，共同打造兼具规范性与实用性的 BIM 成果。此外，我们持续向读者传递终身学习的理念，让大家深刻认识到科技发展日新月异，只有紧跟时代步伐，不断提升专业技能和综合素质，才能在未来的职业生涯中立于不败之地。通过这一系列教学活动，不仅培养读者的专业技能，更着力培养创新意识、团队协作精神以及持续学习的习惯，为推动行业的创新发展注入新的活力。

8.1　BIM 图纸和布局

8.1.1　图纸的创建与设置

点击"视图"选项卡，选择"图纸"面板中的"新建图纸"工具。如图 8.1.1-1 所示，在弹出的"新建图纸"对话框中，从下拉列表里选择合适的图纸大小和样式，如常见的 A0、A1、A2 等标准图纸尺寸，以及横向或纵向的布局方式，这取决于项目的规模和展示需求。

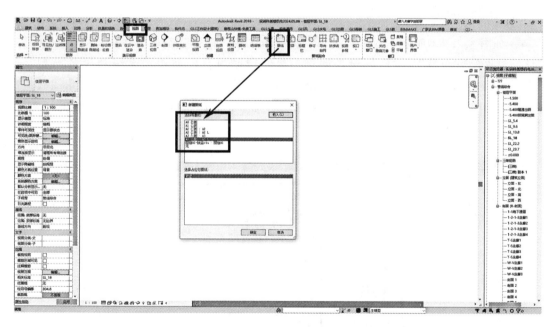

图 8.1.1-1　图纸的创建

如图 8.1.1-2 所示，为新创建的图纸重命名，名称应简洁明了且能准确反映图纸内容，方便后续查找和管理。

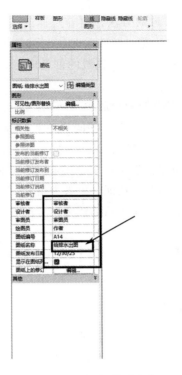

图 8.1.1-2　图纸的重命名

8.1.2　图例与标注的添加

① 如图 8.1.2-1 所示，点击"注释"选项卡，在"符号"面板中找到相应的图例符号工具，如"管道图例""电气设备图例"等。根据项目中使用的系统和设备类型，如图 8.1.2-2 所示，将合适的图例符号拖放到图纸的适当位置，通常在图纸的右下角或其他指定的图例区域。对于给排水系统，可能会添加水龙头、阀门、水箱等图例；对于电气系统，则添加配电箱、开关、插座、灯具等图例。

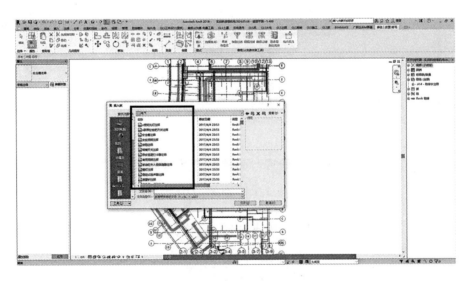

图 8.1.2-1　图例的添加

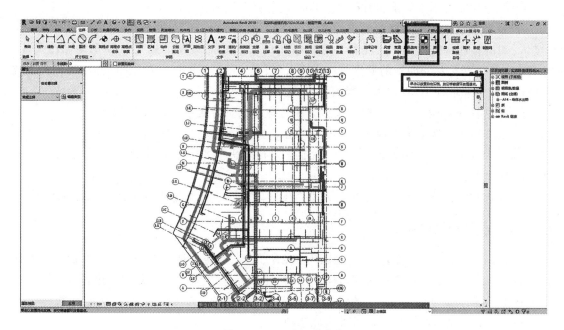

图 8.1.2-2　图例的布置

　　② 选择"注释"选项卡中的"尺寸标注"和"文字注释"工具，对模型中的构件进行标注。如图 8.1.2-3 所示，在尺寸标注时，点击管道、设备等的起点和终点，软件会自动生成线性尺寸标注，显示其长度、管径、间距等信息；对于文字注释，点击需要注释的位置，输入相关说明，如管道的材质、系统名称、设备的参数等。确保标注的文字大小适中、字体清晰，不与其他图形元素重叠，位置合理，便于查看和理解图纸内容。

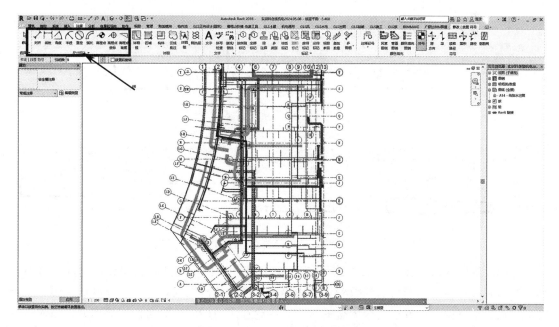

图 8.1.2-3　尺寸标注的添加

③ 注释功能可用于添加多种标注，以满足项目设计和表达需求。

④ 在添加尺寸标注方面的要求如下。

a. 对齐标注：需先选择"注释"选项卡下的对齐功能按钮，选定"厚生楼标注尺寸"类型后，对轴网按从左向右的顺序依次点击，进行对齐标注操作；完成轴网标注后，从下拉框中选择"参照墙面"，点击需注释的墙即可。

b. 线性标注：操作与对齐标注类似，在选择对象时需配合 Tab 键使用。

c. 角度标注：选中角度标注命令后，点击需标注的边线即可完成标注。

d. 半径标注：先选中径向命令，再选择实心箭头类别，点击曲线后，在空白处单击即可。

e. 弧长标注：选择弧长命令后，先点击中间的弧线，再点选两边的直线完成标注。

8.1.3 房间和房间标记

在操作过程中，首先需打开平面视图，接着单击"建筑"选项卡中"房间和面积"面板的（房间）选项。若要在放置房间时同步显示房间标记，应确保"在放置时进行标记"处于选中状态，其位置为"修改 ┃ 放置房间"选项卡的"标记"面板（在放置时进行标记）；若不想在放置时显示房间标记，可关闭此选项。

在选项栏上，如图 8.1.3-1 所示，需执行以下操作：通过"上限"指定测量房间上边界的标高，例如向标高 1 楼层平面添加房间，期望房间从标高 1 扩展到标高 2 或其上方某点，可将"上限"设为"标高 2"；利用"偏移"设置房间上边界距该标高的距离，正值表示向上偏移，负值表示向下偏移，同时指明所需的房间标记方向；若要使房间标记带有引线，可选择"引线"选项，如图 8.1.3-2 所示，在"房间"选项中，可选择"新建"以创建新房间，也可从列表中选择现有房间。如需查看房间边界图元，可单击"修改 ┃ 放置房间"选项卡的"房间"面板中的"高亮显示边界"，之后在绘图区域中单击以放置房间。

图 8.1.3-1　房间创建

图 8.1.3-2　放置房间

房间放置完成后，如图 8.1.3-3 所示，可通过选中房间，在属性栏中修改房间编号及名称来对房间进行命名。若将房间放置在由边界图元形成的范围内，房间会充满该范围；也可将房间放置到自由空间或未完全闭合的空间，后续在房间周围绘制房间边界图元，添加边界图元后，房间会充满边界。如图 8.1.3-4 所示，可以对房间进行重命名。

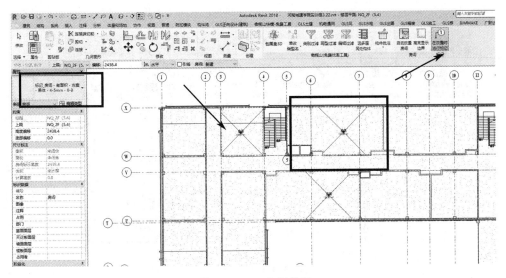

图 8.1.3-3　房间放置

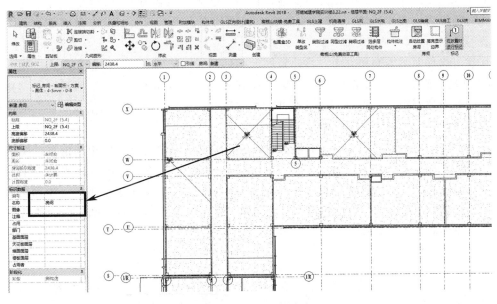

图 8.1.3-4　房间重命名

如果将房间放置在边界图元形成的范围之内，该房间会充满该范围。也可以将房间放置到自由空间或未完全闭合的空间中，稍后在此房间周围绘制房间边界图元。添加边界图元时，房间会充满边界。

8.1.4　明细表

明细表作为模型的另一种视图，可用于创建明细表、数量和材质提取，以确定并分析项目中使用的构件和材质。如图 8.1.4-1 所示，通过"视图"选项卡"创建"面板中"明细表"下拉列表，可选择多种明细表类型，如明细表/数量、图形柱明细表、材质提取、图纸列表、注释块、视图列表等。明细表以表格形式显示从项目图元属性中提取的信息，且在项目修改时会自动更新。

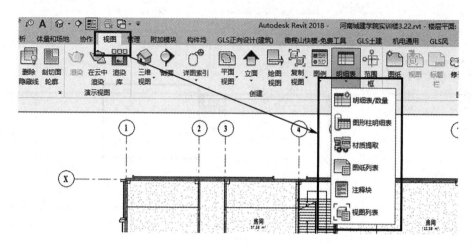

图 8.1.4-1　明细表

如图 8.1.4-2 所示，明细表类型丰富，包括明细表（或数量）、关键字明细表、材质提取、注释明细表（或注释块）、修订明细表、视图列表、图纸列表、配电盘明细表、图形柱明细表等。

在建筑构件明细表操作方面，将建筑图元构件列表添加到项目，需依次单击"视图"选项卡-"创建"面板-"明细表"下拉列表-"明细表/数量"，如图 8.1.4-2 所示，在"新明细表"对话框中选择构件、指定名称及类型，指定阶段后确定，再在"明细表属性"对话框中指定明细表属性。

对于明细表属性，图 8.1.4-3 中包含明细表字段用于提取建筑构件相关信息；明细表过滤器可过滤提取相关信息（图 8.1.4-4）；在"排序/成组"选项卡中可指定明细表中行的排序选项，除"合计"外可按任意字段排序（图 8.1.4-5）；对于明细表外观，可添加页眉、页脚以及空行到排序后的行中；如图 8.1.4-6 所示，还涉及条件格式使用的明细表格式。明细表完成效果如图 8.1.4-7 所示。

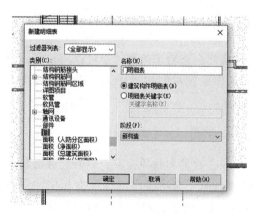

图 8.1.4-2　详见明细表

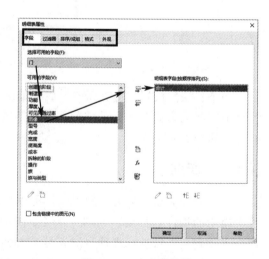

图 8.1.4-3　字段设置

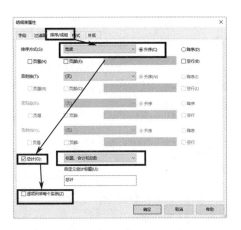

图 8.1.4-4　过滤器设置　　　　　　　　图 8.1.4-5　排序/成组

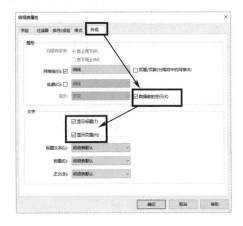

图 8.1.4-6　外观

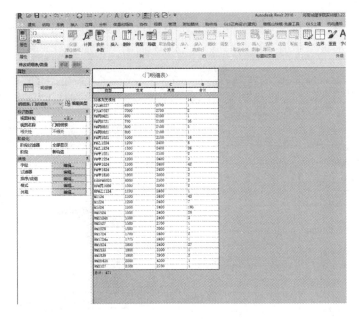

图 8.1.4-7　明细表完成效果

材质提取明细表操作上，添加此类明细表时，如图 8.1.4-8 所示，先单击"视图"选项卡-"创建"面板-"明细表"下拉列表-"材质提取"，在"新建材质提取"对话框选择类别后点击确定；接着在"材质提取属性"对话框选择材质特性，也可对明细表进行排序、成组或格式操作；最后点击确定即可创建"材质提取明细表"，该视图会在项目浏览器的"明细表/数量"类别下列出。

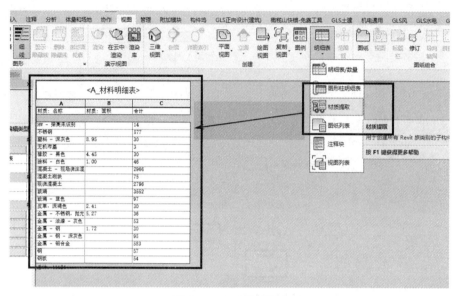

图 8.1.4-8　材料提取

8.1.5　成果输出

8.1.5.1　平面图输出

在"项目浏览器"中双击"图纸"，展开所有图纸，选择"二层平面图"，如图 8.1.5-1 所示，点击"视图面板"中的"视图"，将"二层平面图"添加到图纸中。

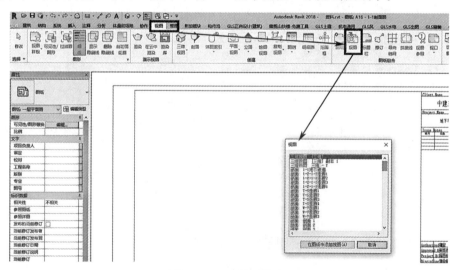

图 8.1.5-1　添加视图

如图 8.1.5-2 所示，用鼠标左键点击导入的视图，在操作面板上点击"激活视图"，如图 8.1.5-3 所示，在视图中进行出图编辑。包括但不限于以下内容。

线性标注：操作与对齐标注类似，在选择对象时需配合 Tab 键使用（图 8.1.5-4）。

角度标注：选中角度标注命令后，点击需标注的边线即可完成标注。

半径标注：先选中径向命令，再选择实心箭头类别，点击曲线后，在空白处单击即可。

弧长标注：选择弧长命令后，先点击中间的弧线，再点选两边直线完成标注。

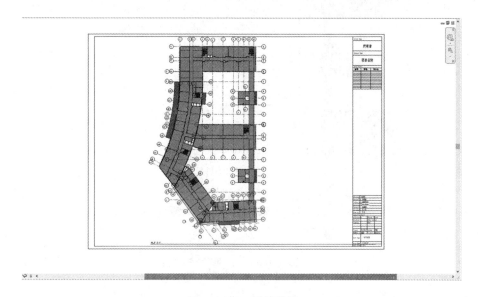

图 8.1.5-2　导入视图

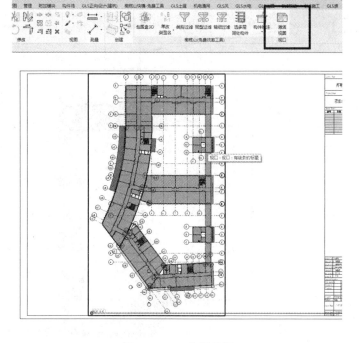

图 8.1.5-3　出图编辑

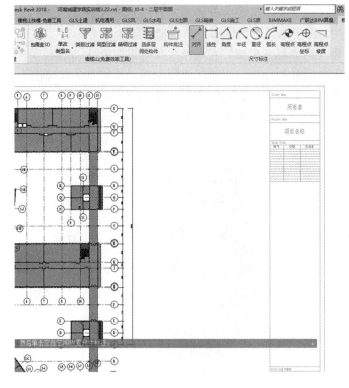

图 8.1.5-4　线性标注

　　双击导入的平面图，点击"注释"面板中的全部类别，如图 8.1.5-5 和图 8.1.5-6 对图中的门和窗进行类型标记。

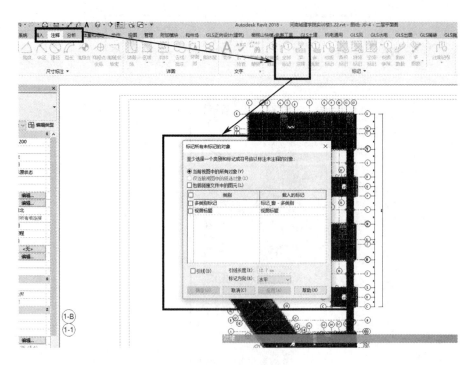

图 8.1.5-5　创建标记

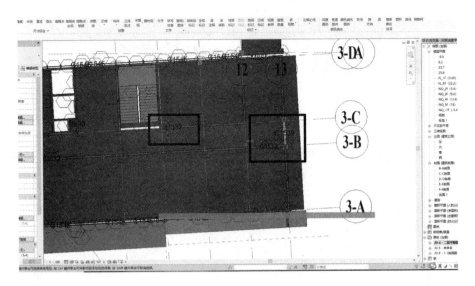

图 8.1.5-6　标记成果

8.1.5.2　立面图输出

进行如平面图一样的操作，导入南立面图到图纸中，点击导入的视图，并点击"激活视图"，在图纸中进行尺寸标注和可见性设置，在幕墙下部按如图 8.1.5-7 所示进行高程点标注。

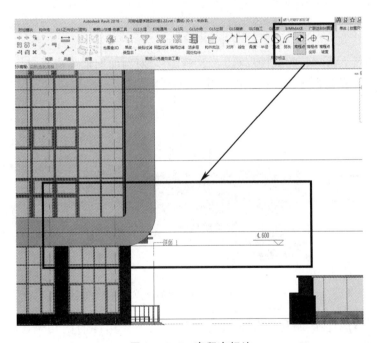

图 8.1.5-7　高程点标注

8.1.5.3　剖面图输出

在"一层平面图"中，点击"视图"面板中的"剖面"（图 8.1.5-8），通过两点创建剖面。

图 8.1.5-8　创建剖面

如图 8.1.5-9 所示，点击创建的剖面符号，点击鼠标右键及左下角的翻转符号可以进行剖切方向的翻转。点击中间的范围调节符号可进行剖切范围的调整。

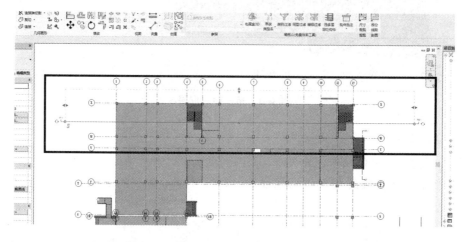

图 8.1.5-9　1—1 剖面

用鼠标右键后点击"转到视图"（图 8.1.5-10），对剖面图输出成果进行编辑，调整规程为协调，调整精细程度为详细，调整图形显示选项为真实。

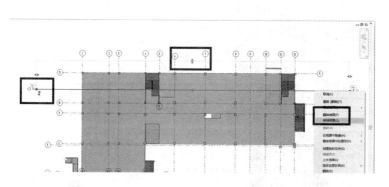

图 8.1.5-10　剖面设置

键入"VV"对构件的剖切面图案进行设置，以区分构件的剖切情况（图 8.1.5-11）。如图 8.1.5-12 所示，点击柱的截面"填充图案"进行颜色和填充图案的设置，以达到区分构件剖切情况的要求。

与平面图和立面图输出过程相同，将剖面导入剖面图纸中，进行尺寸标注，如图 8.1.5-13 所示，然后进行剖面图成果输出。

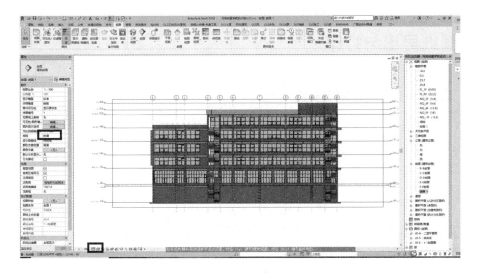

图 8.1.5-11　剖面图设置

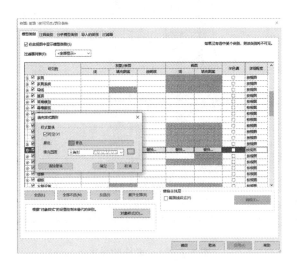

图 8.1.5-12　剖切构件设置

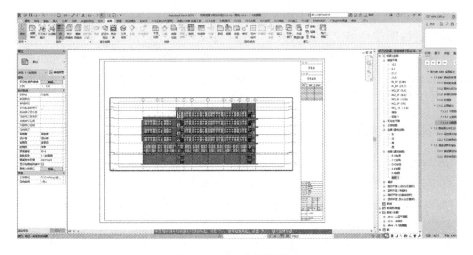

图 8.1.5-13　剖面图输出

8.2　图纸导出与打印

8.2.1　导出格式的选择与设置

① 点击"文件"，如图 8.2.1-1 所示，选择"导出"选项，在下拉菜单中可以看到多种导出格式，如 PDF、DWG、DWF 等。如果需要将图纸提供给其他专业人员或用于打印，PDF 格式是一个常用的选择，它能保持图纸的完整性和格式稳定性；若要与 CAD 软件进行进一步交互和编辑，DWG 格式则更为合适。

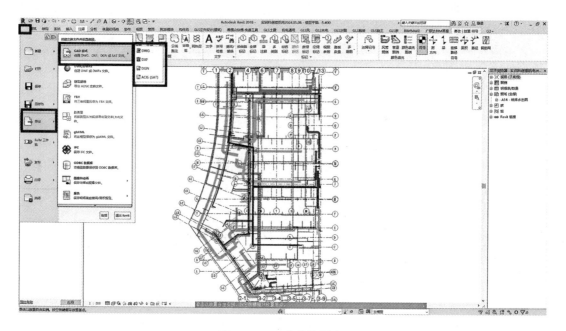

图 8.2.1-1　文件的导出

② 根据所选导出格式，如图 8.2.1-2 所示，在弹出的导出设置对话框中进行详细设置。对于 PDF 格式，可设置页面范围（是全部图纸还是指定的某些图纸）、分辨率（如 300dpi 可获得较高质量的图像，但文件会较大；72dpi 则文件较小，但图像质量相对较低）、是否包含图层信息等；对于 DWG 格式，可设置导出的版本（如 AutoCAD 2010、2018 等，需根据使用的 CAD 软件版本来选择）、单位（与项目设置一致，如毫米、米等）、是否导出三维实体或仅导出二维图形等。

8.2.2　打印参数的设置与调整

① 如图 8.2.2-1 所示，点击"文件"中的"打印"选项。如图 8.2.2-2 所示，在弹出的打印对话框中，选择连接的打印机设备，并设置打印范围，可选择打印全部图纸、当前视图或指定的图纸范围。同时，设置打印份数、打印方向（横向或纵向）以及纸张大小（需确保打印机支持所选纸张大小）。

② 如图 8.2.2-3 所示在"打印设置"选项卡中，调整打印比例，可选择按图纸实际尺

寸打印（比例为1∶1），也可根据需要进行缩放打印，如缩小为 50％ 或放大为 200％ 等。此外，还可以设置打印线宽、颜色、灰度等参数，使打印效果符合预期。例如，若希望打印出的线条更清晰，可以适当增加线宽；若需要黑白打印，可选择灰度模式或设置颜色为黑色。

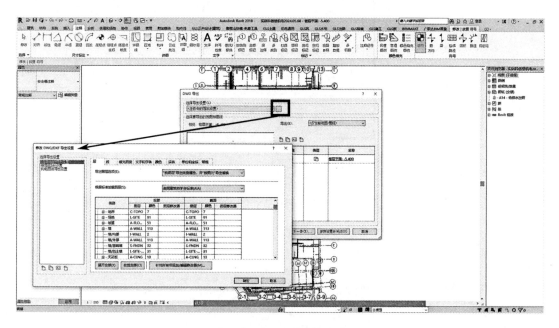

图 8.2.1-2　文件导出设置

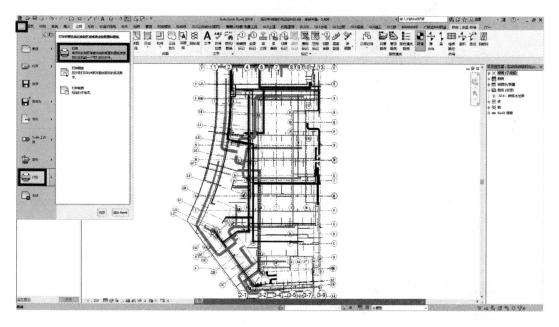

图 8.2.2-1　文件的打印

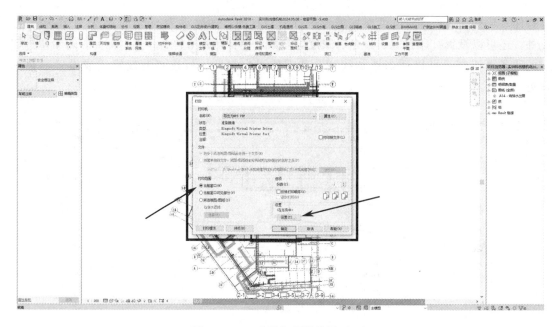

图 8.2.2-2 文件打印的设置（一）

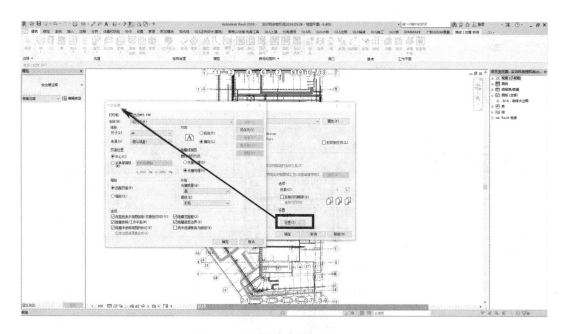

图 8.2.2-3 文件打印的设置（二）

8.3 漫游动画与渲染

8.3.1 漫游路径的规划与创建

① 如图 8.3.1-1 所示，切换到三维视图，点击"视图"选项卡中"三维视图"下的

"漫游"工具。在绘图区域中，如图 8.3.1-2 所示，通过点击鼠标左键确定漫游路径的起点和各个关键点，这些点将定义漫游的路线和方向。在规划路径时，要考虑展示项目的重点区域和特色空间，如建筑的大堂、主要功能房间、设备机房等，同时确保路径流畅，避免出现突然的转向或穿越物体的情况。

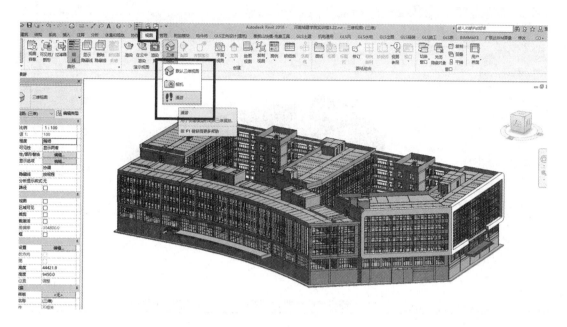

图 8.3.1-1　漫游创建

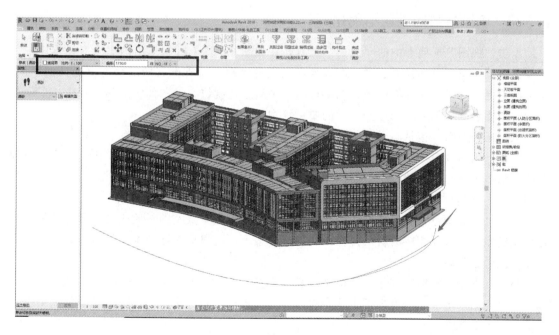

图 8.3.1-2　漫游路径的创建

② 如图 8.3.1-3 所示，点击"修改 │ 漫游"选项卡，在"路径"面板中可以对漫游路

径进行编辑，如调整关键点的位置和高度、添加或删除关键点、设置路径的速度（控制漫游的快慢）和帧数（决定动画的流畅度）等。通过不断预览和调整，使漫游路径能够准确地展示项目的全貌和细节。

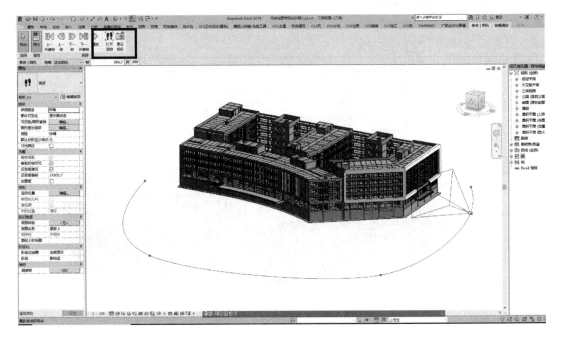

图 8.3.1-3　漫游的编辑

8.3.2　渲染参数的设置与优化

点击"视图"选项卡中的"渲染"工具，在如图 8.3.2-1 所示弹出的渲染对话框中，首先设置渲染质量，可选择低、中、高或自定义质量级别。高质量渲染能获得更逼真的效果，但会花费更多的时间和计算资源；低质量渲染则渲染速度快，但图像细节相对较少。根据项目的时间要求和展示需求来选择合适的质量级别。

调整光照参数，包括自然光（如太阳位置、强度、颜色）和人工光（如室内灯具的亮度、颜色、阴影效果）的设置。如图 8.3.2-2 所示，可以通过点击"日光设置"按钮，在弹出的对话框中选择不同的日期、时间和地理位置来模拟不同的光照条件；对于人工光源，在模型中选中灯具，在其属性面板中调整亮度和颜色等参数。

设置材质和颜色，确保模型中的建筑构件、设备等具有真实的材质表现和颜色效果。在材质浏览器中，选择相应的材质并应用到模型元素上，可根据实际情况调整材质的纹理、光泽度、反射率等属性。

最后，点击"渲染"按钮开始渲染过程，在渲染过程中可以随时查看渲染进度和效果。如果对渲染结果不满意，可根据上述参数进行进一步调整和优化，直到获得满意的渲染图像或动画（图 8.3.2-3）。

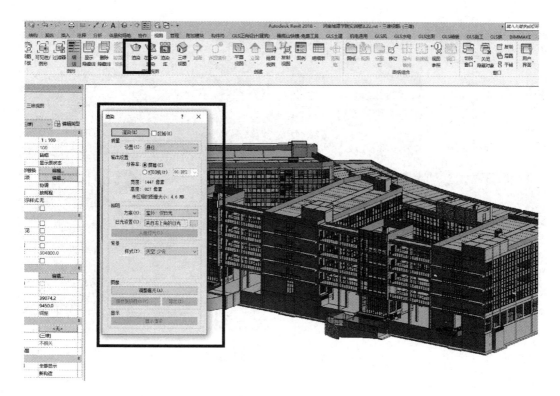

图 8.3.2-1　渲染的设置

图 8.3.2-2　光照参数设置

图 8.3.2-3 局部渲染效果展示

小结

本章以实训科创楼为例，整合 Revit 全模块。前期用"概念体量""场地建模"构建外形与地形；方案设计中多专业模型同步推进，可视化渲染辅助决策。施工阶段运用"4D 模拟"关联进度与模型，"5D 成本管理"统计工程量，复杂节点生成深化图纸。解决建模典型问题，总结最佳实践，如定期同步文件、建立族库标准等。展现 Revit 在全生命周期中的应用价值，培养从单一建模到全项目管控的实战能力。

练习与拓展

1. 完成某高校实训科创楼的成果输出。

2. 对该书内容中的建筑及结构部分的练习题进行成果输出，题目如下：

① 根据完成的模型进行图纸的创建与布置、房间与明细表的制作；

② 对模型进行漫游路径的创建以及漫游成果的输出，并以西南轴侧进行模型渲染，渲染要求模型显示清晰，颜色搭配合理。